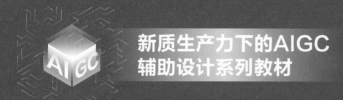

新质生产力下的AIGC
辅助设计系列教材

# 草图大师SketchUp 2023
# 建筑室内AIGC辅助设计

宋 扬 产 婵 洪婷婷 编著

U0252751

清華大學出版社
北京

# 内 容 简 介

本书顺应 AIGC 蓬勃发展的新时代,深度整合 SketchUp 建模知识技巧和 AIGC 技术,引领读者将经典建模软件 SketchUp 和 AIGC 有机结合,步入崭新、高效的设计工作情境。

本书分为 3 篇,第 1 篇(第 1 章)是 AIGC 应用基础,读者通过熟悉 AIGC 技术基础知识及其相关应用领域,为 AIGC 在设计工作中的运用打下基础;第 2 篇(第 2 ~ 6 章)介绍 SketchUp 草图大师系统操作,全面夯实草图大师的建模操作技巧,并融入 AIGC 提升制图效率;第 3 篇(第 7 ~ 8 章)介绍 SketchUp 与 AIGC 技术的综合应用,在案例制作的多个阶段使用 AIGC 技术辅助实现更佳的表现效果。

本书提供了多媒体教学资源和一系列高清的教学视频,覆盖所有重难点,帮助读者更直观地学习,可大幅提高学习兴趣和效率。

本书内容全面,案例丰富,结构严谨,深入浅出,适合建筑设计、室内设计等专业从业人员阅读,也可作为大中专院校及培训机构的教材。

本书封面贴有清华大学出版社防伪标签,无标签者不得销售。

版权所有,侵权必究。举报: 010-62782989,beiqinquan@tup.tsinghua.edu.cn。

**图书在版编目(CIP)数据**

草图大师 SketchUp2023 建筑室内 AIGC 辅助设计 /
宋扬,产婵,洪婷婷编著 . -- 北京 : 清华大学出版社,2025. 1.
( 新质生产力下的 AIGC 辅助设计系列教材 ). -- ISBN 978-7
-302-68094-9

Ⅰ . TU238.2-39

中国国家版本馆 CIP 数据核字第 20258Y4Z16 号

责任编辑:李玉茹
封面设计:李 坤
责任校对:翟维维
责任印制:刘 菲
出版发行:清华大学出版社

网　　址:https://www.tup.com.cn, https://www.wqxuetang.com
地　　址:北京清华大学学研大厦A座　　　　　　邮　　编:100084
社 总 机:010-83470000　　　　　　　　　　　邮　　购:010-62786544
投稿与读者服务:010-62776969, c-service@tup.tsinghua.edu.cn
质量反馈:010-62772015, zhiliang@tup.tsinghua.edu.cn

印 装 者:天津鑫丰华印务有限公司
经　　销:全国新华书店
开　　本:185mm×260mm　　　印　　张:14.75　　　字　　数:359 千字
版　　次:2025 年 3 月第 1 版　　　印　　次:2025 年 3 月第 1 次印刷
定　　价:69.00 元

产品编号:109163-01

# 前　言

　　有着"设计师的铅笔"之称的 SketchUp 是一款经典主流的三维建模软件所拥有的强大功能，在设计工作实践中展现出独特的价值，其在当今设计工作中的地位至关重要。

　　当今时代，每一次科技的跃迁都如同流星划过夜空，璀璨而令人期待。特别是近两年，随着国内外人工智能技术的飞速发展，AIGC 成为了这样一颗璀璨的流星，可以为设计创意增添飞翔的羽翼。AIGC( 全称 Artificial Intelligence Generated Content) 译为中文即"人工智能生成内容"。AIGC 技术的飞速发展，悄然引领了一场深刻的变革，正在重塑甚至颠覆数字内容的生产方式和消费模式。原本依赖于灵感、直觉和丰富经验构建的空间美学，伴随 AIGC 技术的发展，如今面临着许多现实层面的挑战。关于 AIGC 是否能够取代传统设计、建模软件，业界内外的讨论热度持久不衰。

　　对于以上问题，笔者及团队基于长期实践探索和多方调研认为：一方面，AIGC 确实展示出了其强大的潜能，通过高效的算法和深度学习能力，能够在短时间内完成大量标准化、模块化的设计任务，比如快速生成概念设计方案、自动优化模型结构，极大地提高了工作效率，降低了人力成本，并且在一定程度上突破了人类固有思维模式的限制，催生出新颖的设计方案。然而另一方面，受制于 AI 大模型的完善程度、AI 的生成随机性及其他因素的制约，尽管 AIGC 技术取得了显著的进步，但它仍然难以完全替代 SketchUp 这样的经典专业软件，原因如下。

　　首先，SketchUp 及其他同类软件提供了高度直观和灵活的操作界面，允许设计师通过手绘般的直接交互来精细打磨设计细节，这种人性化的交互方式对于艺术创意的自由发挥至关重要，尤其是在处理复杂空间关系、个性化需求和非规则形状设计时，人工智能目前还无法达到与资深 SketchUp 设计师同样级别的细致入微和独特审美判断。同时，在团队协作和二次加工的便捷性上，SketchUp 也具有明显优势。

　　其次，建筑设计、室内设计等领域不仅需要精确的几何构造，还要求设计师基于文化背景、用户情感、可持续发展等多种因素综合考虑，创造出具有人文关怀和创新理念的作品。而这些深层次的创造性思维过程和设计哲学，目前的 AIGC 技术尚无法完全理解和复制。

　　此外，SketchUp 软件还扮演着培养设计思维的重要角色，SketchUp 能帮助新手设计师掌握基础技能，锻炼空间想象能力，并通过实践形成自身的设计逻辑和方法论。即使 AIGC 能够辅助生成设计初稿，最终的设计成果往往还需要经过设计师本人的专业审视和个性化改进。

以上的心得和观点分享仅供读者参考，希望可以对学习本书时理解 SketchUp 和 AIGC 的关系提供一种思路和一些帮助。

我们编写本套教材，并不旨在用 AIGC 取代 SketchUp，而是将 AIGC 作为一种有力的辅助手段，赋能设计师提升工作效率，拓宽设计思路，发挥 AIGC 和 SketchUp 两者特有的优势，引领设计建模工作进入一个全新的协同情境，共同促进设计质量和效率的双重提升。

## 本书配套资源

为了方便读者高效学习，本书专门提供以下学习资料。

◆ 同步教学视频。
◆ 教学课件（教学 PPT）。
◆ 使用的材质文件和贴图文件。
◆ 涉及的组件文件。
◆ 案例的 SKP 文件。

这些学习资料需要读者自行扫码下载。

SKP 文件、资源　　　　课件、教案

## 本书特色

（1）完善的 SketchUp 知识体系

本书系统地呈现了 SketchUp 的基础知识及其在设计工作中的实际运用技巧。从基础操作到综合案例，深入细致地梳理了 SketchUp 重要的功能模块，确保读者能够熟练掌握软件的高频建模操作，并通过一系列互动式课堂练习增强实操能力。

（2）系统性的 AIGC 入门与实操指导

本书系统介绍了 AIGC 技术原理及其在设计领域的应用，重点讲解了热门 AIGC 工具——Stable Diffusion 的安装、配置、使用方法，并通过课堂练习帮助读者快速上手，助力设计作品的实现。

（3）实用的行业案例

案例的选取注重典型性和实用性，重点涉及建筑、室内设计领域。通过案例的演示，强化重点知识，攻克技术难点，帮助读者积累从业经验。

（4）丰富的知识拓展

对于重要的知识和需要深化认识的环节，配有知识拓展模块，拓宽读者认知维度，启发读者思维。

（5）完善的电子资源

本书配备了高清教学视频，完整地呈现操作步骤，读者可随时随地观看并练习，扫清学习障碍，提升学习效率。

## 本书内容

### 第 1 章　AIGC 技术与 Stable Diffusion

本章介绍了 AIGC 的概念、工具，Stable Diffusion 的安装流程、配置需求、部署方法、文生图功能、图生图功能以及拓展功能，辅以课堂练习和拓展训练帮助读者初步掌握实际操作。

### 第 2 章　SketchUp 基础操作

本章介绍了 SketchUp 2023 版本的总体情况、特色及新增功能，深入讲解 SketchUp 的基础视图控制，包括切换、缩放、旋转和平移，以及对象的选择、显示风格和样式设定等内容。特别设置了结合 AIGC 的课堂练习和拓展训练，将 AIGC 技术融入 SketchUp 实际操作以提高制图效率。

### 第 3 章　SketchUp 基础工具

本章系统介绍了 SketchUp 的各种绘图工具，从直线、矩形到复杂形状工具的使用，再到编辑工具如擦除、移动、旋转等操作，还包括建筑施工相关的测量、标注和文字等工具，且均配以实例操练。

### 第 4 章　SketchUp 高级工具

本章探讨了 SketchUp 中的组件工具、群组工具、沙箱工具、标记工具、相机工具和实体工具，展示了如何利用这些工具进行高级建模操作，包含场景制作、动画制作和空间调整等，并引导读者在实战中运用 AIGC 来增强设计效果。

### 第 5 章　SketchUp 光影与材质的应用

本章解析了 SketchUp 中材质、纹理贴图的使用和编辑方法，以及光影设置的相关技巧，让读者掌握所需的技术原理。

### 第 6 章　SketchUp 文件的导入与导出

本章讲解了 SketchUp 与其他文件格式的交互能力，涵盖了图像、CAD、3DS 等多种文件的导入、导出操作，并通过实例引导读者学会整合各类资源。

### 第 7 章　综合案例——居住空间：客餐厅效果制作

通过实际案例，使读者掌握如何运用 SketchUp 建立居住空间模型，从 CAD 图纸导入到户型结构的精细化处理步步深入，同时利用 AIGC 技术在设计构思阶段提供创意参考，最终实现 AIGC 参与下的客餐厅空间视觉表现。

第 8 章　综合案例——公共空间：新中式茶馆效果制作

以创建新中式茶馆为例，使读者能够掌握从 CAD 图纸整理导入到建筑框架、立面、顶面和地面的精细建模，融合 AIGC 技术进行场景氛围的捕捉和表现，通过提示词的指令和生成参数优化来完善茶馆的效果设计。

 本书作者

本书由扬州工业职业学院的宋扬、产婵、洪婷婷编写，AIGC 空间表现工作室主要成员赵凤宜、单梦莹、吴齐烨、孙婉婷等也参与了部分工作。

本书编写过程中，有部分案例借鉴了同行优秀的作品，在此表示感谢。作者团队在编写、制作的过程中力求严谨细致，但由于水平和时间有限，书中疏漏之处在所难免，恳请广大读者批评指正。

编　者

# 目 录

## 第 3 章　SketchUp 基础工具 ·········· 57

第1篇

AIGC 应用基础

本篇主要介绍 AIGC 的概念、常见的 AIGC 工具以及热门的 AIGC 工具——Stable Diffusion 的安装和基本操作。读者通过熟悉 AIGC 技术及其相关应用领域，为 AIGC 在设计工作中的运用打下基础。

第 1 章

# AIGC 技术与
# Stable Diffusion

## 内容导读 📖

　　随着 AIGC 技术的发展，AIGC 设计的潜力越来越受到设计行业从业者的关注。在 AIGC 的参与下，许多设计师的设计方式，甚至是工作模式悄然地发生着改变。本章主要介绍 AIGC 技术的基础和实操，帮助读者领会将 AIGC 应用到工作中的方法。

## 学习目标 🎓

　　√　认识 AI 与 AIGC
　　√　熟悉常见的 AIGC 工具
　　√　理解 AIGC 协同设计的工作思路
　　√　掌握 Stable Diffusion 生成图像的基础操作

# 1.1 AIGC 与 StableDiffusion 辅助设计概述

作为没有学习基础但希望快速掌握 AIGC 技术的学习者，首先需要从了解其概念和相关的工具开始。

## 1.1.1 AIGC 的概念与 AIGC 工具

近年来，随着国内外 AI（Artificial Intelligence，人工智能）技术的飞速发展，该技术逐渐具备对数据分析、理解、推理甚至决策的能力。AI 越来越走近人们的生活，AIGC 的概念也应运而生。AIGC（Artificial Intelligence Generated Content，人工智能生成内容）在设计工作中的应用为设计创意增添了飞翔的羽翼。

目前，对 AIGC 这一概念尚无统一规范的定义。根据中国信息通信研究院 2022 年 9 月发布的《人工智能生成内容白皮书》，国内产学研各界对于 AIGC 的理解是"继专业性生成内容 PGC（Professional Generated Content）和用户生成内容 UGC（User Generated Content）之后，利用人工智能技术自动生成内容的新型生产方式。"

AIGC 技术的飞速发展，正悄然引导着一场深刻的变革，并正在重塑甚至颠覆数字内容的生产方式和消费模式。作为设计行业的从业者，我们可以利用 AIGC 工具，依据输入的条件或下达的指令，生成与之对应的内容。例如，通过输入一段语言描述、关键词或脚本信息，AIGC 可以生成与之相匹配的文章、图像、音频、视频等。合理运用 AIGC 工具，将在很大程度上提升我们工作和学习的效率。

如图 1-1 所示，《太空歌剧院》这幅作品主要是由 AIGC 工具完成创作的，却获得了美国科罗拉多州数字艺术比赛的一等奖，打败了众多以传统创作方式前来参赛的选手。这个案例已经充分证明了 AIGC 工具具备的创作能力及其广阔的应用前景。

图 1-1 《太空歌剧院》 作者：杰森·艾伦（Jason Allen）

**知识拓展** **能为设计工作赋能的 AIGC 工具有哪些**

在生成式人工智能领域，与设计创作紧密相关的 AIGC 工具众多，不同 AIGC 工具的开放程度、性能、适用场景也有区别。其中公认性能优越、拥有用户较多的主流 AIGC 工具包括 ChatGPT、DALL-E、Midjourney、Stable Diffusion 等。同时，国内也有一些较优秀的 AIGC 工具，如文心一格、通义万相、智谱清言、Kimi 等，合理使用它们可以为辅助创意提供帮助。

## 1.1.2　Stable Diffusion 概述

Stable Diffusion 简称 SD，是一种具有开源特点的 AIGC 绘画工具，它允许用户在本地设备上进行图形图像的加工和输出。其核心开发者为德国慕尼黑大学的研究团队，开发过程中得到了 Stability AI 等机构的支持。Stable Diffusion WebUI 作为一款在浏览器上运行的程序，以其友好的用户界面、跨平台兼容性、实时更新与社区支持、丰富的教育资源在推动 AI 绘画的普及和 AI 的商业化应用中扮演了跨时代的角色，让普通用户能真切感受到 AI 绘画的无限魅力与可能性。

相较于其他同类 AIGC 工具，Stable Diffusion 具备以下显著特性。

（1）开源免费性

Stable Diffusion 是开源绘画工具，用户无须支付费用或购买会员即可使用其强大的图像生成能力，这在许多同类 AIGC 工具中是比较少见的。

（2）使用的方便性

由于开源性质，Stable Diffusion 的模型及丰富的插件资源易于获取，且适应多种网络环境，支持单机免费使用。国内外有很多平台提供专业的 SD 模型和资源，使得用户获取和使用资源变得十分便捷。

（3）功能的丰富性

除了基本的文字转图像生成，Stable Diffusion 还能对已有的图片进行编辑和二次创作，并能通过集成的一系列工具支持后期处理工作。随着用户和贡献者群体的不断壮大，Stable Diffusion 在用户体验、资源优化和新功能开发方面具有持续提升的潜力。

（4）强大的可控性

用户可以通过专业人士提供的整合包，利用 WebUI 浏览器交互界面来操作 Stable Diffusion。该界面经过专业打包后，提供了简单易用的安装方式、直观的操作界面和稳定的运行性能，极大地提升了用户的使用体验。

综上所述，Stable Diffusion 凭借其独特的技术架构、开源性、便捷性、丰富的功能集以及良好的用户可控性，在 AIGC 领域展现出显著的市场价值和竞争优势。

知识拓展　**Stable Diffusion 的工作原理**

　　Stable Diffusion 工作的基本原理是通过模拟扩散过程来生成类似于训练数据的新数据。对扩散模型背后的技术细节的理解需要相应专业基础知识，而探索这些细节并不是本书的重点，因此这里仅为读者简要介绍扩散模型的工作过程，其主要分为以下几个步骤。

　　（1）初始化

　　给定一个原始数据集，例如图像、文本或其他类型的数据。

　　（2）正向扩散过程

　　在正向扩散过程中，模型会将数据逐渐地向原始数据集的中心值靠近。

　　（3）生成新数据

　　在扩散过程结束后，模型会生成一个新的数据样本，这个样本具有与原始数据集相似的特征。

　　（4）反向扩散过程

　　反向扩散过程可以使生成的数据更接近原始数据集的分布。

　　（5）重复和优化

　　提高生成数据的多样性和数据生成质量，并通过解码器转化为最终的图像输出，其原理如图 1-2 所示。

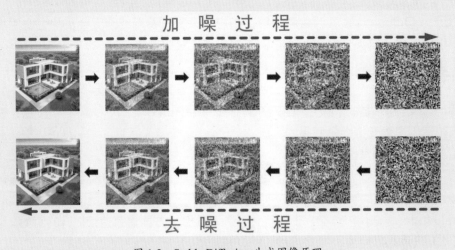

图 1-2　Stable Diffusion 生成图像原理

## 1.1.3　Stable Diffusion 的应用领域

　　通过前面对 Stable Diffusion 的介绍，我们已对其核心功能有了初步认识。那么，此款功能强大的 AIGC 工具主要在哪些行业领域发挥作用呢？

　　下面对涉及 Stable Diffusion 应用较多的领域进行简要介绍。

■ 艺术创作

Stable Diffusion 可以帮助艺术家快速生成图像草图、自动上色，或者根据现有线稿扩展出多种风格变体，有效地提供创意思路和视觉参考，提升创作效率，使艺术家能更专注于艺术理念的提炼和细节的打磨。

■ 广告创意

Stable Diffusion 可以短时间内生成大量具有新颖视觉效果和创意概念的广告素材，为广告设计人员提供多样化的视觉方案，便于他们筛选、融合并最终确定最具市场吸引力的广告创意。

■ 游戏与动漫产业

Stable Diffusion 能够依据游戏设计师提供的概念描述或基础素材，自动生成多样化的角色形象、服装搭配及表情动作，加速角色设定的过程。同时它还可用于场景构建，创造风格各异的游戏环境、背景景观、视觉元素等，为游戏增添细节和氛围感。

■ 工业设计

Stable Diffusion 能够根据客户需求生成家电、家居用品、工具设备等设计图，提供多种设计方案，满足客户个性化需求，助力设计师快速优化产品。

■ 建筑与室内设计

Stable Diffusion 可用于生成建筑平面和立面、室内装修布局、色彩搭配及家具布置方案，为设计师提供丰富的创意灵感，让设计师更轻松、便捷地向客户展示方案，能显著提高设计推敲和决策的效率。

**知识拓展**　　**未来的设计工作 AI 会取代人类吗**

随着 Stable Diffusion 技术和资源的迭代优化，其应用场景将进一步拓宽，有望在更多行业中发挥创造力助推器的作用。然而，尽管 AI 在生成创意内容方面展现出巨大的潜力，但作者认为，至少在相当长的一段时间内，艺术创意的核心——包括审美判断、情感表达、文化内涵的把握等这些依赖于人类的专业知识、独特视角和深度思考等方面，还需要专业设计师和工程师的参与和把握。因此，理想的人机协作模式应该是 AI 与人类专家智慧的有机结合，其中 AI 负责高效生成海量创意选项，而人类专家则运用专业素养和审美眼光进行筛选、优化和赋予作品情感内涵和艺术灵魂，共同推动设计领域的发展与创新。

## 1.1.4　Stable Diffusion 的设计辅助

### 1. 生成基于文本描述的设计概念图

Stable Diffusion 能够根据设计师输入的文字描述，如"未来主义风格的智能手表"（见图 1-3）、"复古蒸汽朋克咖啡馆室内设计"（见图 1-4），生成相应的视觉概念图。

这些概念图可作为设计初期的灵感来源，帮助设计师快速捕捉设计灵感、确定具体元素组合，通过 AIGC 的辅助极大地提高了设计创意探索的效率。

图 1-3　未来主义风格的智能手表

图 1-4　复古蒸汽朋克咖啡馆室内设计

### 2. 设计风格的调整与对比

设计师可以利用 Stable Diffusion 对特定设计元素进行实时调整与优化。例如，通过微调文本描述"暖色调现代简约客厅"（见图 1-5）为"冷色调现代简约客厅"（见图 1-6），系统可以立即生成新的图像，方便设计师对比不同色彩方案的效果。此外，还可以通过添加特定细节描述来细化设计，如"增加金色金属装饰元素"。

图 1-5　暖色调现代简约客厅

图 1-6　冷色调现代简约客厅

### 3. 设计素材库的扩充

对于需要大量视觉素材的设计项目，如平面、室内设计类项目，Stable Diffusion 能够批量生成多样化的图形、图案、背景、空间等设计元素。这不仅丰富了设计师的选择范围，还能够节省寻找素材的时间和购买版权的成本，如图 1-7 所示。

图 1-7　生成办公空间室内设计参考

### 4. 跨领域设计的融合与创新

Stable Diffusion 擅长跨领域知识的融合，这使得设计师能够轻松实现不同设计风格、文化元素、艺术流派之间的混搭，从而进行创新。例如，指令要求生成一幅具有"荷兰风格派与构成主义结合"（De Stijl combined with Constructivism）风格的装饰画，即可输出独特的跨界设计概念，推动设计思维的扩展，如图 1-8 所示。

图 1-8　"荷兰风格派与构成主义结合"的装饰画

5. 实时客户沟通与反馈

在与客户沟通设计方案的过程中，设计师可以利用 Stable Diffusion 即时生成符合客户描述的设计草案，直观地展示预期效果，这有助于提高沟通效率，确保设计成果精准契合客户需求。

综上所述，Stable Diffusion 作为一款功能强大的设计辅助工具，以其高效的文本到图像生成能力，广泛应用于设计概念生成、元素调整、素材库扩充、跨领域创新、客户沟通以及设计教育等多个环节，显著提升了设计工作的灵活性、创新性和效率。

## 1.2 Stable Diffusion 的安装

Stable Diffusion 的安装需要一定条件的硬件支持，计算机硬件配置的高低直接决定了其运行的稳定性和处理能力。良好的硬件配置可保证 Stable Diffusion 在处理复杂图像生成任务时能够高效、稳定地运行，它具备的未来扩展性可以应对可能的模型升级或更高级别的使用场景。

### 1.2.1 安装配置需求

Stable Diffusion 的配置没有固定标准，保证基础使用和流畅使用要求的配置参考如图 1-9 所示。

| 📟 最低配置： | 📟 推荐配置： |
| --- | --- |
| 操作系统：无硬性要求 | 操作系统：Windows 10 64 位 |
| CPU：无硬性要求 | CPU：支持64位的多核处理器 |
| 显卡：GTX1660Ti及同等性能显卡 | 显卡：RTX3060Ti及同等性能显卡 |
| 显存：6GB | 显存：8GB |
| 内存：8GB | 内存：16GB |
| 硬盘空间：20GD的可用硬盘空间 | 硬盘空间：100~150GB的可用硬盘空间 |

图 1-9 最低配置和推荐配置参数

【温馨提示】

图 1-9 中的"最低配置"是指流畅运行 Stable Diffusion 所建议的最低配置，如果用户想获得更快的出图速度和更强大的算力，则需要更强大的硬件。如果采用推荐配置，使用 NVIDIA RTX3080、RTX4080 或者更高端的显卡，可以明显提高 Stable Diffusion 出图的效率和处理任务的复杂度。当然，显卡性能越好，市场价格也就越高，用户可以根据自己的使用要求和消费能力权衡，找到适合自己的硬件产品。

此外，硬盘空间需求较大的主要原因是大模型存储的需要，使用固态硬盘运行程序的效果更佳。

## 1.2.2 本地安装部署

在本地安装部署 Stable Diffusion 程序前，可以先检查一下硬件配置。若低于推荐配置，尤其是显卡性能方面，可能会对使用过程中的体验感造成较大影响，并存在安装或运行失败的可能性。如硬件配置达到推荐配置，则前期的学习和简单的生成处理则不存在太大问题，即可尝试安装部署。

下面以 Windows 10 操作系统为例，介绍 Stable Diffusion 的安装流程。

步骤 **01** 下载 Stable Diffusion 整合包。首先需要从 Stable Diffusion 的官方网站或 B 站 UP 主 @ 秋葉 aaaki 的视频链接中下载该整合包，文件名通常为 Stable Diffusion 或者 sd-xxx.zip 或 sd-xxx.tar，其中 xxx 表示版本号等信息，如图 1-10 所示。

图 1-10　秋葉 aaaki 主页和秋葉整合包

推荐使用 B 站 UP 主 @ 秋葉发布的"绘世整合包"作为程序安装包，它是目前市面上最易于使用的整合包之一，无须对网络和 Python 有太多的前置知识。

其中的绘世启动器整合包于 2023 年 4 月 16 日发布，它集成了过去几个月中 AI 绘画领域引爆的核心需求，例如 ControlNet 插件和深度学习技术。它能够与外部环境完全隔离开来，即使对编程没有任何基础知识的人也可以从零开始学习使用 Stable Diffusion，几乎无须调整就能够体验到新版本的核心技术。

步骤 **02** 双击"启动器运行依赖"文件，如图 1-11 所示。

步骤 **03** 解压 sd-webui-aki-v4.6.7z，如图 1-12 所示。将压缩文件解压到安装目录下。这里注意，为了程序运行稳定，安装目录中最好不要出现中文字符。

图 1-11　双击运行文件　　　　　　　　　　图 1-12　解压文件

步骤 **04** 进入解压后的 sd-webui-aki-v4.6.7z 文件夹，双击打开"A 启动器"程序，如图 1-13 所示。

| 🌸 A启动器 | 2024/1/22 20:30 | 应用程序 | 2,028 KB |

图 1-13　"A 启动器"程序

步骤 05 单击右下角"一键启动"按钮即可运行 Stable Diffusion，如图 1-14 所示。

图 1-14 一键启动

步骤 06 弹出启动控制台界面后，注意不要关闭，需等待程序运行结束，如图 1-15 所示。

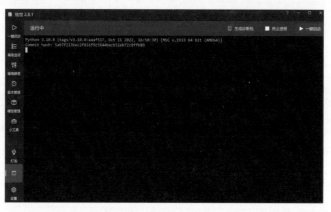

图 1-15 程序运行中

步骤 07 根据计算机配置和整合包版本不同，程序运行所需要的时间略有差别。一般等待 10～30 秒，系统就会自动弹出 WebUI 的操作界面，然后在界面中使用 Stable Diffusion 进行内容创作，如图 1-16 所示。

【温馨提示】

　　在 Stable Diffusion WebUI 界面中，可以进行工作背景色的切换。一般而言，工作时间越长，视觉越容易疲劳；同时眼睛长时间地观看屏幕的亮色也会增加这种疲劳感，切换屏幕背景为深色则可以有效缓解由于长时间工作导致屏幕的亮光对视觉的刺激。

　　切换方法为：在本地电脑浏览器地址栏对地址 http://127.0.0.1:7860/?__theme=light 的后缀进行修改，将"light"改为"dark"，即修改后的地址为 http://127.0.0.1:7860/?__theme=dark。反之，也可将深色改为浅色。

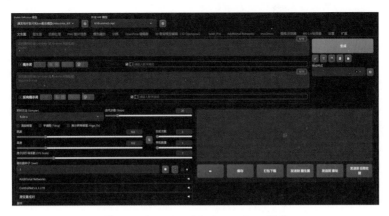

图 1-16　Stable Diffusion WebUI 界面

## 1.2.3　云部署

如果电脑不能满足最低配置要求，也可通过云服务器来使用 Stable Diffusion。常见的云部署平台有阿里云、腾讯云、谷歌 Colab 等。

阿里云是阿里巴巴集团旗下的云计算服务提供商，致力于提供安全、稳定、可靠的云计算服务，可帮助企业加速数字化转型，实现普惠科技；腾讯云是由腾讯公司推出的云计算服务，提供了包括云服务器、数据库、网络、安全等一系列功能的云计算服务；Colab 是谷歌的一个在线工作平台，可以让用户在浏览器中编写和执行 Python 脚本，此外它还提供了免费的 GPU 来加速深度学习模型的训练。

因本书着重讲解本地部署的 Stable Diffusion 辅助设计的使用，且各云端平台操作相似，所以在这里仅对阿里云部署进行简要介绍。

阿里云提供了云端部署 Stable Diffusion 所需的基础设施和云服务，用户可以在阿里云平台上创建云服务器，然后在服务器中安装各种软件，图 1-17 所示为阿里云平台上的云服务器。用户可以登录阿里云平台并购买云服务器，然后通过远程桌面连接该服务器，在服务器上安装和配置 Stable Diffusion 所需的软件和环境。完成部署后，可通过服务器 IP 地址或者域名来使用 Stable Diffusion 服务。

图 1-17　阿里云网站的服务器

# 1.3 Stable Diffusion 的常用功能

Stable Diffusion 的常用功能包括文生图、图生图、ControlNet 和脚本等。这些功能使得用户可以利用 Stable Diffusion 来生成及加工图像，获得灵感的同时也能加工、深化作品，显著提升工作效率。

## 1.3.1 文生图

Stable Diffusion 中的文生图（Text-to-Image）是将提示词、自然语言（文本）等转化为视觉图像的一种人工智能算法。其中，用户提供的文本描述是生成图像的核心依据，这一系列的文本描述直接决定了生成何种结果，它决定了 AI 绘画工具最终生成图像的艺术性和表现力。

当设计师构思一幅室内空间画面时，脑海中常常会浮现以下问题。

（1）本次设计任务涉及的是什么类型的空间？

（2）想要创造什么风格倾向的空间？

（3）室内的软装搭配如何统筹？

（4）细节部分想要体现哪些元素？

（5）想要作品呈现什么样的艺术效果？

这些问题的答案都是关乎设计效果落成的重要依据。如何进行提示词输入，如何让人工智能更好地识别我们的想法，需要系统学习与提示词有关的知识和使用技巧。

### 1. Stable Diffusion 大模型

Stable Diffusion 大模型也称为"基础模型"或"底模"，其查看和调用的按钮位置在工作界面的左上方。大模型是 Stable Diffusion 图像生成的基础模型，决定了生成图像的质量和主要风格。它们可以分为三类：二次元、真实系和 2.5D，分别对应不同的画风和领域。单击如图 1-18 所示的倒三角符号，可选择和切换大模型。

大模型是 Stable Diffusion 必须搭配的基础模型，不同的基础模型会产生不同风格的输出。大模型的安装方法见本章课堂练习部分。

图 1-18　Stable Diffusion 大模型

### 2. 提示词输入区

我们在 Stable Diffusion 中输入提示词时，需要在指定区域内进行，这个指定区域即为提示词输入区。由于提示词分为正、反两个方向，所以在 Stable Diffusion WebUI 界面中有正向提示词与反向提示词两个输入区，如图 1-19、图 1-20 所示。

图 1-19　正向提示词输入区

图 1-20　反向提示词输入区

（1）正向提示词

正向提示词是我们对生成指令给予的正向语言描述，即希望 Stable Diffusion 如何生成图像。

举例来说，若要生成一幅包含衣柜和绿植元素的卧室场景图像，可以使用如下英文描述："Bedroom scene image with wardrobe and greenery elements"。输入完成后单击右侧的"生成"按钮（见图 1-21），即可在默认参数状态下执行计算，开始进行一张图像的生成。重复执行生成操作，可得到另一张新图像，如图 1-22 所示。

图 1-21　提示词输入区和"生成"按钮

图 1-22　执行两次"生成"命令后的图像效果

【温馨提示】

目前，Stable Diffusion 仅支持英文提示词输入，多个提示词之间需要以英文逗号分隔。用户若要使用中文，可利用翻译工具事先将中文翻译成英文后再进行输入，或利用翻译插件功能，让系统在接收到中文提示词后自动转化为英文进行处理。

通常情况下，提示词的输入不必像叙述故事那样详尽地描述场景，仅提取关键词作为提示词。例如，在上面的例子中，通过简化提示词为"Bedroom space,Wardrobe, Green plant"（见图 1-23），这样的核心词汇组合，也能得到与原始细致描述相近的图像效果，如图 1-24 所示。

图 1-23　简化的提示词输入

图 1-24　图像生成效果

（2）反向提示词

反向提示词是用户对 Stable Diffusion 发出的一种反向指令。通常，针对不想在图像结果中出现的元素，我们就可以在反向提示词输入区输入相应内容，这时候 Stable

Diffusion 生成的图像就会排除某些特定元素。例如，如果在反向提示词输入区设定了"Green plant"，系统在生成的结果图像中将会避免包含绿植的图片，同时可能会更多地展现其他元素，如图 1-25 所示。通过这种方式，可以轻松排除一些不想要的效果。

图 1-25　输入反向提示词"Green plant"后的生成结果

【温馨提示】

　　Stable Diffusion 默认生成图片的尺寸大小为 512×512，且批次和数量都为 1。若想更改图片尺寸，可设置"宽度""高度"选项；若想一次性生成多张图片，则可以相应调整"总批次数"或"单批数量"选项，如图 1-26 所示。

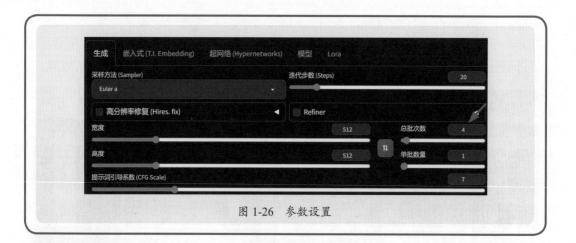

图 1-26　参数设置

**知识拓展**　**Stable Diffusion 反向提示词的作用**

　　在 AIGC 辅助设计工作中，反向提示词常用的作用有 4 个，分别是：提升质量、排除物品、控制风格、避免错误。

　　（1）提升质量

　　加入 Low quality（低画质）、Low resolution（低分辨率）等词作为反向提示词，再让 Stable Diffusion 生成图像，可以发现画质有显著提高。

　　（2）排除物品

　　反向提示词能够有针对性地排除不希望出现的物体。如要创建一幅新中式客厅的图像但不含沙发元素，只需添加反向提示词 Sofa（沙发），这会促使模型在生成的新图像中移除沙发这一元素。

　　（3）控制风格

　　在反向提示词中加入如 3D（三维）、Photo（照片）、Realism（写实）等词，搭配手绘风模型，生成的图像就会倾向于手绘风格。

　　（4）避免错误

　　在人物图像生成过程中，常会出现额外肢体、手指数量异常或面部瑕疵等问题。通过在生成时输入特定的负面关键词，如"多余的手指""多出的四肢"或"丑陋的脸部"等英文提示词，可以有效减少这些错误现象的发生。

　　3. 提示词的权重

　　当在 Stable Diffusion 中输入描述时，可能会有多个提示词词组。例如，输入正向提示词 Kitchen（厨房）描述空间，输入 Tables and chairs（桌椅）、Tableware（餐具）、Hamburger（汉堡）、Apple（苹果）等描述空间里的物品，由于描述的物品较多，加上 AI 具有随机性，可能并不总是能够充分地识别并在输出结果中展示出所有的描述。

如果用户觉得某一个物品非常重要，想强化其在生成结果中出现的概率，则可对该提示词增加权重。例如，非常想让苹果出现在厨房空间，却在输入提示词"Kitchen,Tableware,Hamburg,Tables and chairs,Apple"后未发现苹果，则可在提示词"Apple"的外侧加上一个括号以提高权重，如"（Apple）"，这样苹果的权重就会变成以前的 1.1 倍。若想进一步增加权重，还可以在后面加上冒号和具体数值，如"（Apple:1.3）"，这样苹果的权重就会变成以前的 1.3 倍。如此操作后，则可发现结果中出现了苹果这一元素，如图 1-27 所示。

图 1-27　增加苹果权重前后生成图片的对比

一般来说，提示词权重的安全范围为 0.5 ~ 1.5。如果某个提示词的权重超出这个范围，生成的图像可能会扭曲。

【温馨提示】

　　作为一款开源软件，Stable Diffusion 对用户的限制比较少。在生成的图像中，有时会出现少儿不宜的画面，例如色情、暴力等。因此，在使用过程中，可以输入反向提示词 NSFW（不适宜工作场所）、Naked（裸体）、Violence（暴力）、Terror（恐怖）等词汇来限制生成负面内容，从而得到更积极向上、充满阳光的图片，如图 1-28 所示。

图 1-28　过生日的小女孩

## 1.3.2　图生图

### 1. 图生图的基本操作

Stable Diffusion 中的图生图（Image-to-Image）功能是指基于原始图片，设定一些参数，通过人工智能算法创作出新的图像。具体操作时，需要先上传图生图功能所依赖的原始图片作为基础，然后通过添加提示词或进行其他形式的二次创作，来生成具有不同风格或内容的全新图像。Stable Diffusion 的图生图功能按钮位于工作界面的左上方，如图 1-29 所示。

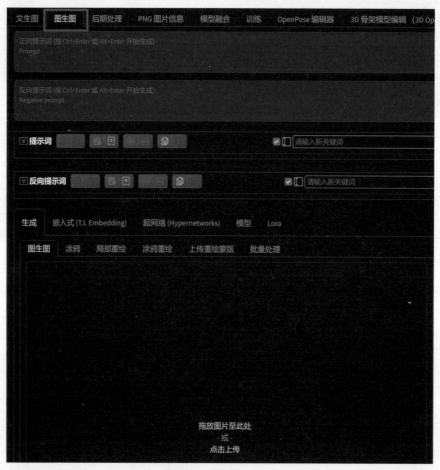

图 1-29　图生图功能

进入图生图功能区后可以发现，其界面和文生图十分相似，只是在工作区中多了一些功能板块，如上传图片的区域。用户可以在此处单击（见图 1-30），这时会弹出一个对话框，允许用户由本地电脑上传一张图片。选择一张图片后单击"打开"按钮（见图 1-31），即可上传成功，如图 1-32 所示。

图 1-30　图生图功能区

图 1-31　选择图片

图 1-32　"图生图"面板中的上传图片

如果想微调图片，可以在不输入提示词的情况下将"重绘幅度"降至 0.3 ~ 0.5，选择对应的生成批次后，单击"生成"按钮，即可生成该图片微调后的结果。

### 2. 图生图的局部重绘

图生图的局部重绘功能是在不改变整体构图的情况下，对图片的某个区域进行重绘，可以手动重绘，也允许上传精确蒙版重绘。这是 Stable Diffusion 的一个非常有特色的功能，既可以满足精确绘图的需要，也可以实现比传统软件（如 Photoshop）更快的处理效率——通常在参数设置好以后仅需数秒到十几秒即可完成对图像的修改、融合。

例如，如果认为图 1-32 背景墙上的装饰画色彩不够丰富或不太漂亮，就可以在保持整体风格不变的前提下进行局部的调整。调整方法如下。

步骤 **01** 上传待重绘图片。打开"局部重绘"面板，单击"拖放图片至此处"进行图片上传，如图 1-33 所示。上传的图片即为待加工的图片，如图 1-34 所示。

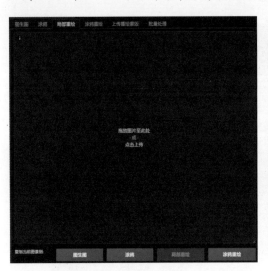

图 1-33　单击"拖放图片至此处"上传图片　　　　图 1-34　上传的图片

步骤 **02** 确定重绘区域，对想要加工的区域进行涂抹。可通过右上角滑块选择笔刷大小，涂抹时注意尽量贴近需要改变的装饰画区域。如果绘制有误，可以单击右上角的"清除"按钮█进行清空，然后重新绘制。

步骤 **03** 设置参数。将蒙版模式设置为"重绘蒙版内容"，蒙版区域内容处理设置为"原版"，重绘区域设置为"仅蒙版区域"，总批次数设置为 6，其余参数保持默认值。

步骤 **04** 输入提示词。输入正向提示词 Colorful decorative painting（彩色装饰画）；输入反向提示词 Low quality（低质量）。

步骤 **05** 单击"生成"按钮，执行生成命令，等待计算完毕。最终生成如图 1-35 所示的结果。观察结果可以发现，通过局部重绘功能对原本色彩单一的装饰画进行了随机修改，颜色倾向更符合预期效果。

图 1-35　局部重绘生成结果

3. 图生图的参数

图生图的参数有很多，且随着 Stable Diffusion 版本的更新还在不断变化。这里着重介绍常用参数和面板的含义，其余参数的作用可在案例操作时查看。

（1）重绘幅度

在图生图功能中，重绘幅度是一个重要参数，它控制着生成过程中对初始图像噪声的处理程度。

当重绘幅度为 0 时，模型基本上不进行扩散去噪，这意味着输出图像与输入图像几乎一致，不会有任何创造性的变化；随着重绘幅度的增加，模型会在原始图像上施加不同程度的随机噪声，并通过扩散模型逆向迭代去除噪声以生成新的图像内容。较小的重绘幅度可能使生成的图像保留更多的原图特征，而较大的重绘幅度则可能带来更大程度的变化和创新性元素。当重绘幅度接近或等于 1 时，模型会倾向于完全重构图像，这一过程类似于文生图。

在 Stable Diffusion 中调整重绘幅度参数，可以观察到不同参数下图像的转化效果，如图 1-36 所示。随着参数值的变化，用户可以看到图像细节、风格以及在保持原有特点的基础上融合创新元素的表达。

图 1-36　原始图像与重绘图像

【温馨提示】

　　在图生图过程中，正向提示词和反向提示词用于指导 Stable Diffusion 模型生成图像时强化或抑制某些特征。常用的正向提示词有 Best quality（最高质量），Full detail（丰富细节）、Masterpiece（杰作）等，常用的反向提示词有 Low quality（低质量）、Blurry（模糊的）等，这些提示词会鼓励模型输出具有高质量、精细细节的图像。

　　（2）提示词引导系数（CFG Scale）

　　提示词引导系数决定了 Stable Diffusion 对输入提示词的响应程度，它可以在 0 到 30 之间进行调整。当增大该系数时，模型会更严格地遵循提示词来生成图像内容，因此生成的图像会更加符合用户所给定的要求。但是，过高的系数可能会导致过度依赖提示词而牺牲了图像本身的多样性和自然性，因此通常建议将该值保持在一个合理的范围内，如上限不超过 20，下限不低于 5。

　　（3）随机数种子（Seed）

　　随机数种子可以影响生成图像的随机性。即使其他参数相同，不同的随机数种子也会产生不同的图像。这使得每次生成的图像都具有一定的差异，增加了创作的多样性。如果随机数种子值为 −1，则表示每次生成图像的种子都是新的、不固定的。

　　（4）涂鸦

　　涂鸦功能可以让我们在原图上进行简单的创作后，再生成图片。用户可以在原始图片上手动绘制线条或形状，指示 Stable Diffusion 如何进行修改或添加内容。例如，可以自由涂鸦来指示应该在哪个区域生成新的元素，或者改变已有的区域特征。

（5）涂鸦重绘

这是一种结合了涂鸦和局部重绘的方式，在原图上通过简单的线条或轮廓描绘出想要改变或添加的部分，然后由模型处理这部分涂鸦，使其按照提示生成相应的图像内容。

（6）上传重绘蒙版

用户可以上传一个黑白或灰度蒙版图像，白色区域表示希望模型处理并生成新内容的部分，黑色区域则保持不变。这种功能为用户提供了一种更为精确的方式来指导模型对原始图像进行局部编辑。

（7）批量处理

用户可一次性上传多个图像，并应用相同的提示词和参数设置来批量生成新的图片。这对于风格迁移、多幅图像的一致性修改或其他批量化的创作任务非常有用。

**知识拓展** **图生图功能的应用**

图生图功能在设计工作中的应用大致可以归纳为以下几个方面。

（1）生成变体，拓展创意

使用图生图，可以开拓创意思维，通过增加重绘幅度值，或者通过使用与参考图不同的提示词替换参考元素，让 AI 自由发挥。

（2）提高分辨率，提升画质

用户可以通过图生图的高清放大功能获得更高分辨率的图像。

（3）转换风格

通过使用不同的提示词，用户可以改变画面风格。通过不同类型模型的切换，可以轻松将实拍照片转换成卡通图像，或者将手绘风格改变为三维效果。

（4）二次编辑，修改图像

通过图生图，可对上传图像进行二次加工。既可以整体调整，也可以局部加工，其效率要高于传统图像加工软件。

（5）增加细节，光影调色

Stable Diffusion 能够根据用户提供的文本描述创建高质量的图像，通过调整或完善输入的文本提示以获得更细腻、内容更丰富的图像效果。同时，Stable Diffusion 能够通过较大的重绘幅度，使用一张具有色彩倾向的图像来控制文本生成的图像，从而实现调色的效果。

### 1.3.3 拓展功能

使用 Stable Diffusion 生成图像时，由于 AI 固有的随机性特征，所得到的图像输出结果往往具有显著的不可预见性。因此，为了能够定向地创造出期望的图像效果，可以利用功能扩展引入人为调控机制，以指导 AI 更精准地满足我们的生成需求。

### 1. ControlNet

ControlNet 是控制图像生成的插件。在 ControlNet 出现之前，我们在生成图片时很难知道 AI 能给我们生成什么，就像在漫无目的地抽卡。ControlNet 出现之后，我们就能利用其功能精准地控制图像生成。例如，上传线稿让 Stable Diffusion 帮我们填色渲染、控制人物的姿态、将图片生成线稿、让毛坯房效果变为精装房效果，等等。图 1-37 所示为 ControlNet 识别毛坯建筑结构的处理图。

图 1-37　ControlNet 识别毛坯房结构

ControlNet 可以通过图像、控制线条等形式进行识别，还可以凭借多样化的预处理手段适应不同的应用场景，并以此引导图像生成，从而帮助用户更有效地创造出所需的图像效果，如图 1-38 所示。

图 1-38　使用 ControlNet 生成毛坯别墅的设计效果

### 2. 脚本

脚本的作用是能够在每一步骤执行的过程中插入更多定制化的操作。以 X/Y/Z plot 脚本为例（见图 1-39），使用 Stable Diffusion 默认方法生成图片依赖于反复试验，即更改参数、生成并保存图像，再继续调整参数直至再次生成，这一迭代过程既耗时又费力。然而，借助于 X/Y/Z plot 脚本，用户能够迅速捕捉各类功能参数的实际含义及其视觉效果差异，也可实现批量操作，更好地遴选作品，如图 1-40 所示。

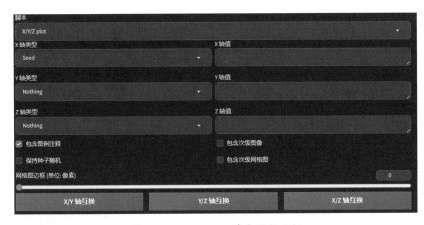

图 1-39　X/Y/Z plot 脚本操控面板

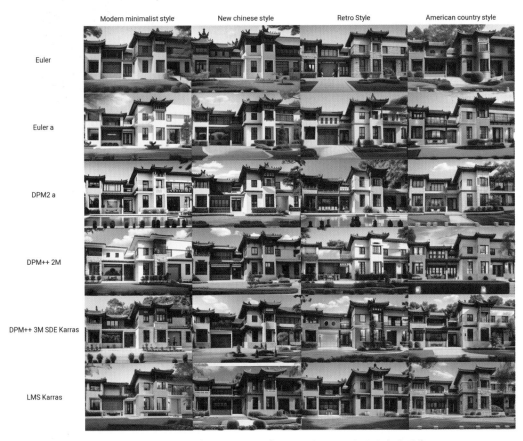

图 1-40　X/Y/Z plot 脚本生成不同参数和风格毛坯别墅设计的图像

## 课堂练习——Stable Diffusion 大模型的安装

"大模型"又称为"底模",是 Stable Diffusion 执行生成图片操作必须搭配的基础模型。下面介绍 Stable Diffusion 大模型的安装方法。

Stable Diffusion
安装包

**步骤 01** 使用搜索引擎搜索并登录 Civitai（C 站）、HuggingFace（抱脸）、哩布哩布 AI 等资源网站,首次登录可能涉及注册。其中哩布哩布 AI 网站为国内网点,较为稳定,其网址为 https://www.liblib.art/。

**步骤 02** 以哩布哩布 AI 网站为例,可在网站首页搜索后缀为 ckpt,或 safetensors 的大模型文件,如图 1-41 所示。也可在右侧类型列表中选择 CHECKPOINT 类型,如图 1-42 所示。大模型的格式通常以 ckpt（CHECKPOINT）或 safetensors 为后缀。

图 1-41 哩布哩布 AI 网站首页        图 1-42 哩布哩布 AI 搜索界面

**步骤 03** 文件下载。大模型由于所含信息丰富使其文件较大,通常大于 1.5GB,下载需要一些时间。

**步骤 04** 将下载的大模型放置在 Stable Diffusion install\Stable Diffusion\models\Stable-diffusion 文件夹内,如图 1-43 所示。

图 1-43 Stable Diffusion 大模型文件的储存路径

**步骤 05** 放置成功后,单击刷新按钮,再单击倒三角标志,即可选取合适的大模型,如图 1-44 所示。

图 1-44 选取 xsarchitectural_v11 大模型

**▶拓展训练**

为了更好地掌握本章所学知识,在此列举几个与本章内容相关的拓展案例,以供练习。

1. 使用文生图功能生成图像

使用 Stable Diffusion 文生图功能生成包含以下特定内容的图像: ① 园林
景观; ② 水; ③ 桥; ④ 人物。

操作提示

- 正向提示词: "Water,Small bridge,Garden Landscape,People,Masterpiece,High quality,Natural photo"。

- 反向提示词: "Bad anatomy,Text,Error,Worst quality,Low quality,Signature,Watermark,Blurry"。

效果如图 1-45 所示。

图 1-45　生成效果

2. 使用图生图功能给黑白图片上色

操作提示

- 导入需要加工的黑白图片 "风景.png" 或 "建筑.png" 至图生图功能区,根据想要达到的效果设置图生图参数。

- 正向提示词: "Colorful scenery"(多彩的风景)、"Brightly colored"(色彩鲜艳)、"Chinese ancient architecture color matching"(中国古代建筑色彩搭配)等。

- 反向提示词: "Black and white"(黑白)、"Monochrome"(单色的)。

- 重绘幅度(Denoising)值可以设置为 0.72 以下,值越低则效果越接近原图。

参考效果如图 1-46 ～图 1-49 所示。

图 1-46 "风景.png"原图　　　　图 1-47 "风景.png"图生图上色效果

图 1-48 "建筑.png"原图　　　　图 1-49 "建筑.png"图生图上色效果

第 2 篇

# SketchUp 2023 系统操作

本篇系统地介绍了 SketchUp 2023 的基本操作、基本工具、高级工具以及其在实际工作场景中的应用，并在全面夯实草图大师建模操作技巧的同时融入 AIGC，以提升制图效率。

# 第 2 章

# SketchUp 基础操作

## 内容导读 📖

　　Sketchup 作为一款经典主流的三维建模软件，在市场中的地位至关重要。特别是对于表现方向的设计师而言，有着"设计师的铅笔"之称的 SketchUp 由于能很好地推敲方案、勾画草图、深入加工模型，往往在设计工作实践中能展现出独特的价值。本章是学习 SketchUp 的起点，也是理解 SketchUp 操作逻辑的关键，学好本章内容可以为今后的高级操作打下坚实基础。

## 学习目标 🎓

√　了解 SketchUp 软件及其特色
√　熟悉视图控制的方法
√　掌握对象工具的使用
√　掌握 SketchUp 对象显示风格的设置
√　掌握 SketchUp 面的操作

## 2.1 SketchUp 概述

运用 SketchUp 构建三维模型的过程类似于在图纸上用铅笔描绘立体形状，即通过勾勒线条构建平面，并进一步通过拉伸、编辑操作塑造实体结构。借助 SketchUp，设计师能够集中精力于创新设计，而无须担忧复杂的软件操作，因为它提供的界面友好且易于上手，利用它可以自由地进行创作，并能将完成的模型便捷地上传至在线平台，与公众共享、供他人参考和下载。同样地，我们也可以从资源库中获取其他用户上传的资源，并将其作为项目的创作基础或灵感来源。

### 2.1.1 SketchUp 软件简介

天宝公司（Trimble）的 SketchUp 是一款在全球范围内备受赞誉的三维建模软件，在建筑、室内设计领域有着广泛的应用。SketchUp 的独特之处在于其友好的用户界面与直观的操作方式，让设计师能够即兴发挥创意，实现从构思到可视化表达的无缝对接，极大地解放了传统设计过程中可能遇到的表达限制。

SketchUp 通过其直观的工具和操作流程极大地简化了三维模型的构建逻辑，即使是初学者也能迅速掌握其基本技巧，开始构建精细的建筑模型。它的制图特点不仅保留了手工绘图的流畅与艺术感，还可导入 DWG 文件、3ds Max 文件实现跨软件的协同，轻松进行数据交换。

此外，SketchUp 不仅限于在建筑、室内设计领域专业的应用，同样适用于工业设计和平面设计，能在项目初期快速制作产品样机模型，并能够导入到更专业的渲染软件中进行精细化处理，从而提高工作效率，减少不必要的重复工作，同时也确保了设计方案的精确传达。

### 2.1.2 SketchUp 软件特色

SketchUp 之所以能够在众多设计分支领域内得到广泛应用和高度评价，关键在于它鲜明的特色。在 SketchUp 的创意设计流程中，设计师能够体验到"所见即所得"的直观设计环境，无论是在构思初期还是后期细化阶段，都能即时展现三维实体模型，甚至还能够模仿手绘草图的视觉效果，进而便捷地变换多种展示模式来增进理解。

SketchUp 的建模效率高，操作直观流畅，其内置的三维坐标系统可通过颜色变化帮助设计师在绘图过程中精确把握图形位置，从而实现精准的坐标点定位。SketchUp 引入了创新的"由线至面、由推拉至立体"的操作机制，允许用户从简单的二维线条开始，通过拉伸功能轻松创建三维实体，极大地简化了从平面到立体的建模过程。它无需频繁切换视图，在统一的三维视窗中即可从二维平面直接演变至三维空间模型，而且可通过手动输入精确数值来确保模型尺寸的标准化。

在材料和纹理处理方面，SketchUp 自带丰富且易用的材质库，能够实时预览材质应用效果。使用者可为模型附着各种材质和贴图，观察其改变的结果。同时，SketchUp 还支持用户添加自定义材质入库，便于后续设计中复用。材质的选择与编辑十分灵活，不仅可以轻松调节色彩，还能够利用同一张贴图生成多种颜色的材质效果。

SketchUp 不仅能满足精细建筑图纸所需的高精度建模要求，还能够无缝对接 VRay、Enscape、Lumion 等高级渲染引擎，实现多元化的视觉表现手法。此外，SketchUp 具备强大的兼容性，能够与 AutoCAD、3ds Max、Revit 等主流设计工具进行文件格式互转，充分适应了设计行业多元化的跨软件协作需求。

此外，SketchUp 还提供了一些高级功能，例如能够根据设定的地理位置和时间条件精确模拟阴影效果。这一功能对于进行日照分析、环境影响评估以及优化建筑布局等需求至关重要。

### 2.1.3　SketchUp 2023 新版本功能

（1）借助新 Revit Importer，可以轻松将 Revit 项目导入 SketchUp
Revit 导入器功能如下。
■ 可与 SketchUp 2021 及以后的版本兼容，包括最新版本。
■ 通过 Common Windows Installer 和 Extension Warehouse 提供。
■ 不需要安装 Revit 或 Revit 许可证。
■ 与使用 2011 或更高版本的 Revit 创建的 .rvt 文件兼容。
（2）大模型节省效率
使用多线程技术，以更高的效率保存大型模型。这意味着可以更快地保存更大的模型并减少了出错的机会。
（3）镜像工具（Flip tool）
根据模型轴向对其进行镜像或镜像复制，如图 2-1 所示。

图 2-1　镜像工具

（4）提高橡皮擦灵敏度
提高橡皮擦灵敏度，可以获得更真实的橡皮擦笔触效果。
（5）取消选择边线 / 平面
取消选择边线和平面功能，可以在搜索和右键快捷菜单找到命令，如图 2-2 所示。

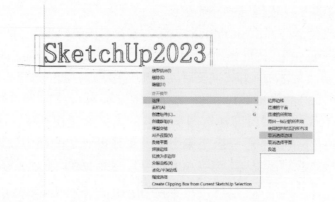

图 2-2　右键快捷菜单命令

（6）双击放置轴

新的双击功能，可以快速重新定位轴原点，而无需指定单个轴方向。

（7）徒手线工具更改

用徒手线创建曲线时，按 Ctrl+ 或 Ctrl− 键可以增加或减少线段的数量，提高了绘制徒手线的敏感度，更容易在现有边线旁绘制徒手线，而不会出现意外捕捉的情况。

### 2.1.4　SketchUp 2023 的界面构成

软件正确安装后，双击 SketchUp 2023 应用程序图标（见图 2-3），即可启动 SketchUp 2023。等待软件启动完成，首先出现的是 SketchUp 2023 绘图模板选择界面，如图 2-4 所示。

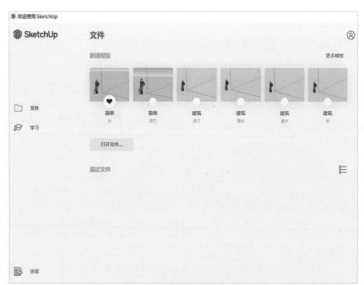

图 2-3　应用程序图标　　　　　　　　　　图 2-4　绘图模板选择界面

SketchUp 2023 中有很多模板，用户可以根据需要选择相对应的模板进行设计建模。选择好合适的模板后直接单击，即可进入 SketchUp 2023 的工作界面。

工作界面主要由标题栏、菜单栏、工具栏、状态栏、数值输入区以及中间的绘图区构成，如图 2-5 所示。

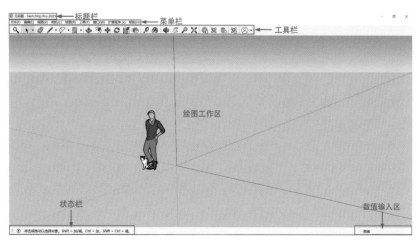

图 2-5　SketchUp 2023 工作界面

以上是 SketchUp 2023 的基本界面，具体的操作讲解和案例演示将在后文逐步进行介绍。

## 2.2　SketchUp 视图控制

在使用 SketchUp 时，设计师需要灵活调整视角以适应不同的使用需求，其中包括切换视图模式、缩放视图以及平移视图。通过这些视图控制操作，可以全面观察模型整体或推敲模型的局部细节以进行精确绘图。

### 2.2.1　切换视图

设计师在三维建模时经常需要在不同的视图之间进行切换，以便从不同的角度观察模型。SketchUp 中提供了一个"视图"工具栏，其中包含 7 个视图按钮，方便用户迅速切换到常见的视图模式，如图 2-6 所示。

图 2-6　"视图"工具栏

单击对应按钮，即可逐一转换至对应的视图模式，它们依次是轴测图、俯视图、前视图、后视图、左视图、右视图以及底视图，操作效果如图 2-7 ～图 2-13 所示。

图 2-7 轴测图

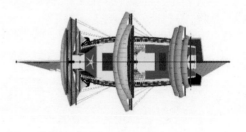

图 2-8 俯视图

图 2-9 前视图

图 2-10 后视图

图 2-11 左视图

图 2-12 右视图

图 2-13 底视图

## 2.2.2 缩放视图

建模设计是一个循环往复和不断优化的过程，重点是把握整体与局部的关系。为了保证建模的精确性，设计师常常需要借助视图放大功能去深入探究细微局部的设计；反之，为了实现全面布局的把控，则需使用视图缩小功能来概览整体视觉效果。

在 SketchUp 软件中，"相机"工具栏包含了丰富的视图缩放选项，利用这些工具能够灵活调节模型在屏幕上的展示尺度，以便设计师既能细致入微地推敲局部设计元素，又能纵览全局以观察作品的整体协调性，有利于整体布局的把控。

### 1."缩放"工具

"缩放"工具用于调整整个模型在视图中的大小。单击"相机"工具栏中的"缩放"按钮 🔍，按住鼠标左键不放，从屏幕下方往上方移动可放大视图，如图 2-14 所示。反之，从屏幕上方往下方移动可缩小视图，如图 2-15 所示。

图 2-14 放大视图

图 2-15 缩小视图

### 2."缩放窗口"工具

"缩放窗口"工具能够在视窗中框定一个显示范围，从而使区域内的模型内容在视图内得到最大程度的展示。操作时，只需单击"相机"工具栏中的"缩放窗口"按钮 🔍，然后在视图界面内划定所需区域，即可完成缩放操作，如图 2-16 所示。

图 2-16　缩放窗口前后对比

### 3."缩放范围"工具

"缩放范围"工具能够让场景内所有可视的模型内容瞬间调整至与屏幕大小相适应的缩放比例。实现这一操作相当简便，只需单击"相机"工具栏中的"缩放范围"按钮 ✖ 即可，如图 2-17 所示。

图 2-17　执行"缩放范围"后的效果

## 2.2.3　旋转视图

旋转视图能够帮助用户快速观察模型各方位的表现效果，在"相机"工具栏中提供了"环绕观察"工具。旋转视图有两种实现方法：第一种方法是直接单击"相机"工具栏中的"环绕观察"按钮 ✤，通过连续单击并拖曳，带动视图沿着选定轴线即时旋转，以达到所需的观察视角；第二种方法是以按住鼠标滚轮的方式持续转动视图，这同样能够满足观察需求的目的，如图 2-18 所示。

图 2-18　旋转视图前后效果

## 2.2.4　平移视图

　　"平移"工具可以在保持当前视图内模型尺寸比例恒定的状态下，整体拖曳视图至任意方向，以查看当前未完全展示在视图内的模型部分。单击"相机"工具栏内的"平移"按钮 ，当视图内出现抓手图标后，只需拖动鼠标即可执行平移动作，从而实现对场景视图的平移查看，如图 2-19 ～图 2-21 所示。

图 2-19　原始场景　　　　图 2-20　向右平移后　　　　图 2-21　向左平移后

## 2.3　对象的选择

　　在 SketchUp 软件中选取对象时，可以利用"选择"工具  进行操作。SketchUp 中的选择方式有"点选"、"框选与叉选"以及"扩展选择"3 种基本方式。

### 2.3.1　点选

　　"点选"是指直接在对象元素上用鼠标左键点击来实现选择的方式。点选分为单击、双击和三击选择。单击选择：单击鼠标左键，可选择对应的边线、面或组。双击选择：

若对面执行双击，则不仅会选定该面本身，还会同时选中构成该面的所有边线；若对边执行双击，则可选定该边以及与该边相邻的面。三击选择：连续点击鼠标左键三次及以上，则能进一步扩大选择范围，将与三击对象相连的所有边、面一同被选中，并且还包括那些虽然被隐藏但与之关联的虚线部分，如图 2-22 ~ 图 2-24 所示。

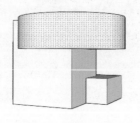 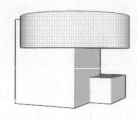 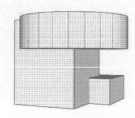

图 2-22　单击鼠标　　　　　图 2-23　双击鼠标　　　　　图 2-24　单击鼠标三次

【温馨提示】

　　点选中的三击选择可以选中有接触且在同一个组中的物体，而"全选"（快捷键 Ctrl+A）则可将处于一个相同组内的对象元素全部选中，即使这几个对象元素之间没有相互接触。

### 2.3.2　框选与叉选

　　点选的选择方法均基于点击鼠标的方式实现选择，而"框选"和"叉选"这两种方式则提供了不同的选择方法，允许用户一次性选取多个对象元素，大大提升了选择效率。

#### 1. 框选

　　"框选"是指在激活"选择"工具的状态下，通过从屏幕左侧向右侧拖动鼠标绘制出如图 2-25 所示的实线选择框实现的，凡是在该选择区域内被完全包围的对象元素都将被成功选定，如图 2-26 所示。

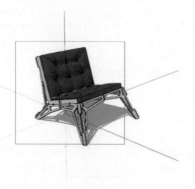 

图 2-25　框选对象　　　　　　　图 2-26　框选效果

**2. 叉选**

"叉选"又叫"交叉选择"，即只要交叉即可被选择，是指在激活"选择"工具后，通过从屏幕右侧向左侧拖动鼠标绘制出如图 2-27 所示的虚线框，全部或者部分位于虚线选择框内的对象都将被选中，如图 2-28 所示。

图 2-27 叉选对象

图 2-28 叉选效果

### 2.3.3 扩展选择

启用"选择"工具后，在对象元素上单击鼠标右键，会弹出快捷菜单，用户可在此菜单中实现对选择区域的扩展操作，如图 2-29 所示。

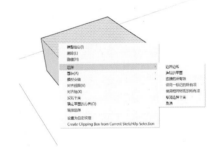

图 2-29 扩展选择快捷菜单

## 2.4 对象的显示风格及样式

在方案构思阶段，为了便于展示设计思路，设计师往往会运用多元化的视角和表现方法来呈现设计方案的效果。SketchUp 中也内置了丰富的显示风格，旨在帮助设计师灵活选用不同的表现方式，以满足设计方案多样化的展示需求。

### 2.4.1 SketchUp 显示风格

SketchUp 软件的"样式"工具集中包含了 7 种不同的显示模式：X 射线模式、后边线模式、线框显示模式、隐藏线模式、着色显示模式、贴图模式以及单色显示模式，如图 2-30 所示。

图 2-30　显示模式

### 1. X 射线模式

该模式具备一种类似 X 光透视的效果，使得场景内所有对象呈现出透明状态，如图 2-31 所示。在此种显示模式下，无需隐藏任何物体，即可轻松观察模型内部的结构细节。

### 2. 后边线模式

该模式能够在当前画面展示的基础上，采用虚线样式来呈现模型背面那些正常情况下不可见的线条结构，如图 2-32 所示。值得注意的是，此模式在"X 射线"及"线框"这两种显示模式下并不适用。

图 2-31　X 射线模式

图 2-32　后边线模式

### 3. 线框显示模式

该模式能够将场景内的全部实体以线框形式呈现出来，如图 2-33 所示，所有模型所附带的材质属性、纹理贴图以及表面填充均会失去作用。正是由于这样的简化处理，该模式下的场景对象的响应速度极快。

### 4. 隐藏线模式

该模式下，仅展示场景中可视的模型表面部分，多数材质和贴图效果会被暂时禁用，仅通过视图区分实体模型与透明材质的部分，如图 2-34 所示。

图 2-33　线框显示模式

图 2-34　隐藏线模式

**5. 着色显示模式**

该模式融合了"隐藏线"与"贴图"模式的特性，可展示带有阴影但没有纹理的效果，如图 2-35 所示。在着色显示模式下，实体部分与透明材质之间的对比得以强化，从而增强了模型整体的立体感。

**6. 贴图模式**

该模式在 SketchUp 软件中是一种详尽展示模型视觉效果的呈现方式，能够全方位地展现出材质的色彩、纹理以及透明度属性，如图 2-36 所示。

**7. 单色显示模式**

该模式的特点是将场景中可视模型的面以纯色呈现，同时利用黑色线条勾勒出模型的轮廓边界，由此构建出强烈的空间感，如图 2-37 所示。

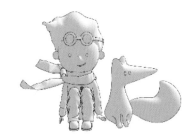

图 2-35　着色显示模式　　　　图 2-36　贴图模式　　　　图 2-37　单色显示模式

## 2.4.2　边线的显示效果

SketchUp 之所以被人们称为"草图大师"，其中一个重要原因是它可以模拟手绘设计的特点。在传统手绘表现中，为了增强视觉表现力和艺术性，设计师往往会在两条线交汇时让线段端点自然超出相接点，或者采用富有变化的曲线来替代僵直的直线。同样地，这些细腻的表现方式也能在 SketchUp 软件中得到实现。

执行"视图"|"边线类型"命令，可在菜单中调用边线、后边线、轮廓线及深粗线等多种线型样式，如图 2-38所示。同时，通过打开"样式"面板，也可对边线的具体显示属性进行设置，如图 2-39所示。

图 2-38　"边线类型"子菜单　　图 2-39　"样式"面板

（1）当模型处于无边线状态时（见图 2-40），通过勾选"边线"复选框，可以看到模型展示边线的效果，如图 2-41 所示。

（2）勾选"后边线"复选框，即可看到边线被隐藏后的效果，此时边线以虚线显示，如图 2-42 所示。

图 2-40　无边线效果　　　　图 2-41　边线效果　　　　图 2-42　后边线效果

（3）勾选"轮廓线"复选框，场景内的模型边线得以强化突出显示，如图 2-43 所示。

（4）勾选"深粗线"复选框，边线会以较为粗重的深色线条显示，如图 2-44 所示。因为这种效果可能会影响模型细节的清晰度，通常情况下并不推荐使用。

（5）勾选"出头"复选框，系统将会模拟类似手绘草图出头的效果，两根交叉直线在交点处略微伸出端点，如图 2-45 所示。

图 2-43　轮廓线效果　　　　图 2-44　深粗线效果　　　　图 2-45　出头效果

【温馨提示】

　　"样式"面板中的编辑选项如"轮廓线""深粗线""出头""端点"等的强弱都可以通过右侧的数值进行控制，数值越大表示效果越明显，反之效果越弱，如图 2-46 所示。

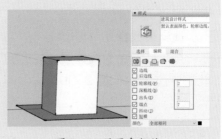

图 2-46　设置参数值

（6）勾选"端点"复选框，系统会在两条线段相接的位置强化线条粗细，即交界处将以更粗的线条呈现，如图 2-47 所示。

（7）勾选"抖动"复选框，原本平直的边界线会呈现轻微的不规则弯曲，旨在模仿手工绘制时线段的真实质感，如图 2-48 所示。

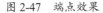

图 2-47　端点效果　　　　　　　　　图 2-48　抖动效果

**知识拓展**　　**设置边线显示颜色**

在默认设置中，边线以深色呈现。若需更改，单击"样式"面板"编辑"选项卡内的"颜色"下拉按钮，即可从下拉列表框中选择不同的边线颜色类型，如图 2-49 所示。

（1）全部相同

默认情况下，边线颜色设定为"全部相同"，用户可单击该选项后面的色块来自定义颜色。图 2-50 和图 2-51 所示为红色边线和绿色边线在调整后的显示效果。

（2）按材质

选择该选项后，系统会自动将模型的所有边线颜色匹配至与其材质相同的颜色，如图 2-52 所示。

（3）按轴线

选择该选项后，系统将模型在 X 轴、Y 轴和 Z 轴方向上的边线分别用红色、绿色和蓝色区分显示，如图 2-53 所示。

图 2-49　边线颜色设置

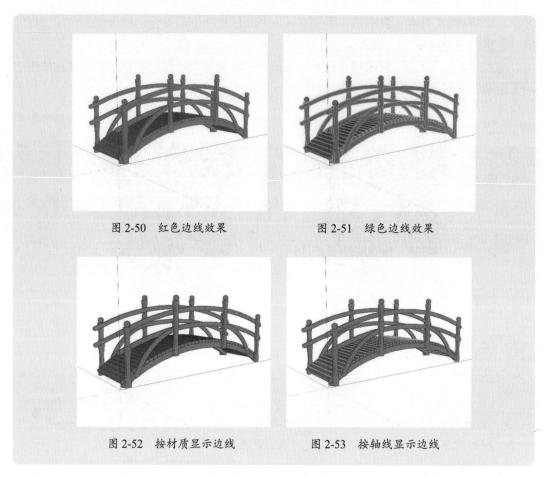

图 2-50　红色边线效果　　　　图 2-51　绿色边线效果

图 2-52　按材质显示边线　　　　图 2-53　按轴线显示边线

SketchUp 的显示风格除了能够对类似铅笔画的黑白素描效果进行调整之外，在"样式"面板"编辑"选项卡的下拉列表中，用户还能选取一系列不同的视觉表现形式，例如手绘边线、混合风格、照片建模以及颜色集等选项，这些选项还包含多个不同选项。图 2-54 ～图 2-56 所示为混合风格中"描图纸上的铅笔"的显示效果。

图 2-54　"样式"面板　　　　图 2-55　混合风格　　　　图 2-56　显示效果

## 2.4.3　背景与天空

场景中的建筑物并非独立存在的，通常需要依靠周围环境如背景和天空加以衬托。用户可根据自身需求，在 SketchUp 中设置这些环境元素。在"样式"面板中单击"编辑"选项卡下的"背景设置"按钮，在"背景"设置面板中可以对背景和天空颜色进行设置，如图 2-57 所示。一旦完成相关设置，天空及背景的颜色将实时更新，效果如图 2-58 所示。

图 2-57　"背景"设置面板　　　　　图 2-58　背景与天空效果

**知识拓展　设置专属工作空间**

除了背景设置，在 SketchUp 中还可依照个人偏好设置专属工作空间，通过对单位、视口布局、快捷键等设置来营造符合工作习惯的绘图环境，提升工作效率。

■ 设置单位。选择"窗口"|"模型信息"命令，可设置"单位"信息，如图 2-59 和图 2-60 所示。

图 2-59　"模型信息"命令　　　　　图 2-60　单位设置

■ 设置工具栏。选择"视图"|"工具栏"命令，可设置需要显示的工具栏，如图 2-61 和图 2-62 所示。

■ 自定义快捷键。选择"窗口"|"系统设置"|"快捷方式"命令，在列表中选择对应的命令，即可在右侧的"添加快捷方式"文本框内自定义快捷键，如图 2-63 所示。

图 2-61　"工具栏"命令　　　图 2-62　设置需要显示的工具栏　　　图 2-63　自定义快捷键

■　保存与调用模板。选择"文件"|"另存为模板"命令，在弹出的"另存为模板"对话框中设置模板名称和保存路径，如图 2-64 所示。再次打开 SketchUp 软件，即可在启动界面中选择保存好的模板文件直接调用，如图 2-65 所示。

图 2-64　另存为模板　　　　　　　　　图 2-65　调用模板

## 2.4.4　水印设置

很多视觉风格效果都可以使用 SketchUp 中的水印功能得以实现。该功能允许用户在三维模型周边嵌入二维图像素材，来营造背景氛围。同时，置于前景的图像则可用于为模型添加注解或标识。水印的设置可通过"样式"面板中的"水印设置"来完成，如图 2-66 所示。

图 2-66　"水印"设置面板

**知识拓展** **水印的输出**

在水印图标上单击鼠标右键，在弹出的快捷菜单中选择"输出水印图像"命令，即可将模型中的水印图片导出，如图 2-67 所示。

图 2-67 输出水印图像

## 2.5 面的操作

在 SketchUp 软件中，模型是构建在面元素的基础之上。因此，SketchUp 中的建模是紧密围绕面进行的。这种方式的优势在于能够创造出简洁有效的模型结构，操作上也相对直观简便。然而其局限性在于对构造比较复杂、形态独特或非规则几何体的模型进行加工时，会显得较为困难。

### 2.5.1 面的概念

在 SketchUp 中，只要一系列线性元素闭合并处于同一平面，系统便会自动对其进行识别并生成一个连续的面。每个面都由相互关联的正反两部分构成，即我们所说的正面与反面，它们互为对立且相互依存。通常来说，在进行渲染时，我们关注的是面的正面，也就是期望呈现、展示的那一侧。

大多数 3D 设计软件的渲染引擎，默认配置为单面渲染机制，比如在 3ds Max 中，使用扫描线渲染器时，默认不会勾选"强制双面"选项。原因是双面渲染会使面的数量翻倍，从而导致渲染所需的计算量加倍。为了提高工作效率，大多数情况下会选择单面渲染。

若仅在 SketchUp 内部进行基本建模工作，不必特别考虑单面与双面的问题，因为 SketchUp 自身并未配备高级渲染功能。但设计师通常会将 SketchUp 作为中间软件，先在 SketchUp 中构建模型，随后再将其导入如 3ds Max、VRay 等其他拥有强大渲染能力的软件中进行精细渲染。因此，在使用 SketchUp 进行建模时，最好确保所有面的一致性，即正反面需正确对应，否则在导入外部渲染器后会出现正反面不匹配的情况，导致渲染失败。

### 2.5.2　正面与反面的区别

在 SketchUp 中，通常默认以明亮的白色来表示模型的正面，而用灰蓝色或灰色来表示模型的反面，如图 2-68 所示。若需要个性化地更改正反面的视觉表现色彩，可选择"样式"|"编辑"|"平面设置"|"正面颜色"或"反面颜色"命令，调整用来代表前景和背景的具体颜色，如图 2-69 所示。

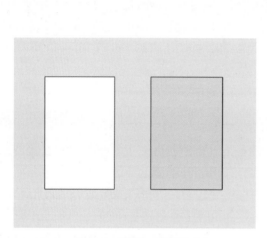

图 2-68　模型正面和反面　　　　　　　　图 2-69　平面设置

【温馨提示】

若在右侧"默认面板"中没有显示"样式"面板，可执行"窗口"|"默认面板"|"样式"命令，对"样式"面板进行调用，即可调整系列参数。

在制作室内效果图时，着重展现的是室内的墙体质感与布局，此时应将正面面向房间内部，确保内部墙体的正面呈现给观察者。相反，当制作室外效果图时，旨在展示建筑物的外立面特征，应调整视角指向建筑外部，并使得外墙正面面向观察者。SketchUp 默认设定的"正面"通常是指向模型外部的表面。同时，在整个建模过程中保证各个面的正反方向一致性也至关重要。

## 课堂练习——AIGC 生成背景天空

AIGC 工具有着强大的创造能力，可以轻松地根据用户的指令生成图像作为素材。本案例中，将利用 Stable Diffusion 生成背景天空的素材，供SketchUp 建筑模型作为背景使用。操作步骤如下。

**步骤 01** 打开 Stable Diffusion 界面，选择相应的真实系大模型，如图 2-70 所示。

图 2-70　选择合适的大模型

**步骤 02** 根据任务需求输入正向提示词。比如，在正向提示词输入区输入"Natural sky,Daytime,Realistic,8K,Wide angle,Sky Picture,Masterpiece,Best quality"，对应的中文翻译为"自然天空，白天，逼真，8K，广角，天空图片，杰作，最佳质量"。

**步骤 03** 根据任务需求输入反向提示词。比如，在反向提示词输入区输入"Characters, Sundries,Worst quality,Low quality,Normal quality,Signature,Watermark,Username,Blurry"，对应的中文翻译为"字符，杂物，最差质量，低质量，正常质量，签名，水印，用户名，模糊"，如图 2-71 所示。

图 2-71　输入正、反向提示词

**步骤 04** 设置生成尺寸和参数。可设置一定批次数量的与 SketchUp 工作区比例相近的图片，方便后期作为 SketchUp 模型背景，如图 2-72 所示。

图 2-72　设置生成尺寸和参数

步骤 **05** 生成图片。选择其中最合适的图片作为 SketchUp 背景天空的素材，如图 2-73 所示。

图 2-73　生成的背景天空素材

## 拓展训练

为了更好地掌握本章所学知识，在此列举几个与本章内容相关的拓展案例，以供练习。

### 1. 添加校园建筑背景天空

Stable Diffusion 凭借强大的模型扩散能力可生成各种类型的表现素材，正如上述课堂练习生成的背景天空素材图片，可用其来增强 SketchUp 建筑模型的表现力。

操作提示

■ 添加水印背景。打开模型文件，执行"窗口"|"默认面板"|"样式"命令，打开"样式"面板，在"编辑"选项卡中单击"水印设置"|"添加水印"按钮，在弹出的"选择水印"对话框中选择要添加的水印，如图 2-74 所示。

图 2-74　添加水印

■ 调整背景和图像的混合度。调整相应参数值，融合背景和图像，如图 2-75 所示。

■ 调整图片显示比例。根据效果调整比例，完成后的效果如图 2-76 所示。

图 2-75  调整混合度

图 2-76  调整比例

### 2. 添加建筑场景水印

水印不仅可以实现对场景模型的说明和美化，还可以起到对版权的保护作用。本案例将通过添加建筑场景水印来实现这一效果。

操作提示

■ 打开需要添加水印的模型，如图 2-77 所示。在"样式"面板中单击"编辑"|"水印设置"|"添加水印"按钮，打开"选择水印"对话框，选择要作为背景的图片，单击"打开"按钮，如图 2-78 所示。

■ 图片作为水印被添加到场景中，系统会自动弹出"创建水印"对话框，选中"覆盖"单选按钮，水印会覆盖于场景。单击"下一步"按钮，调整背景和图像的混合度。单击"下一步"按钮，对显示水印进行设置，如图 2-79 所示。

图 2-77  打开模型

图 2-78　添加水印

图 2-79　设置水印参数

■ 设置水印的显示形式。选中"在屏幕中定位"单选按钮，再单击屏幕右下角，调整水印比例大小，最后单击"完成"按钮结束设置，如图 2-80 和图 2-81 所示。

图 2-80　定位水印

图 2-81　完成设置

# 第3章

# SketchUp 基础工具

## 内容导读

　　本章主要介绍 SKetchUp 的基础工具，包括绘图工具、编辑工具、建筑施工工具等。

　　通过本章的学习，读者可以熟悉并掌握这些基础工具的使用，同时也可创建出理想的基础模型。

## 学习目标

√　理解基础工具的绘制原理

√　掌握基础工具的使用

√　掌握建筑施工工具的使用

√　熟悉 AIGC 辅助模型营造环境的方法

## 3.1 绘图工具

SketchUp 的"绘图"工具栏包含"直线""手绘线""矩形""圆""圆弧"等 5 类共 10 种二维图形的绘制工具，如图 3-1 所示。

图 3-1 "绘图"工具栏

### 3.1.1 "直线"工具

"直线"工具允许用户创建精确的线性元素，这对于绘制图形细节至关重要。以下是 SketchUp 中"直线"工具的使用方法和详细说明。

"直线"工具的调用方式有以下几种。

- 通过菜单栏：在菜单栏中执行"绘图"｜"直线"｜"直线"命令。
- 通过工具栏：在左侧的大工具集中，单击图标 ✐。
- 使用快捷键：按键盘上的 L 键，可快速激活"直线"工具。

1. 通过自动捕捉和强制锁定来绘制直线

激活"直线"工具，单击确定线段的起点，往画线的方向移动鼠标，再次单击鼠标，即可确定该直线。在绘制直线时，若靠近红、绿、蓝三轴的方向，系统可自动捕捉该方向进行直线的绘制，使得画线方向与对应轴线方向同向，并显示对应轴向的颜色，如图 3-2 所示。

若想强制锁定某一轴向，确保所绘直线与该轴线平行，可按住 Shift 键对轴向进行锁定。此时，直线的线条样式会加粗显示，同时系统将自动将其约束于限定的轴向上。

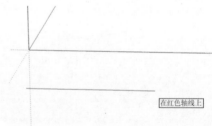

图 3-2 画线方向与红轴一致

【温馨提示】

在绘制线段的过程中，确定线段终点后按 Esc 键，即可完成此次线段的绘制。如果不取消操作，则会开始下一条线段的绘制，上一条线段的终点即为下一条线段的起点。

### 2. 利用给予的参数精确地绘制直线

当需要绘制具有特定长度要求的直线时，可通过输入参数绘制精确长度的直线。首先，激活"直线"工具，然后用户可以在绘图窗口中单击一点作为直线的起点，在设定起点后，指示直线绘制的方向，先不要单击鼠标，这是因为 SketchUp 已进入长度输入模式，允许用户直接在屏幕上输入精确的长度数值。此时，在状态栏的数值输入区，直接输入所需的直线长度数值，即可完成操作。例如，要绘制一条长度为 500mm 的直线，就可在数值输入框内输入"500mm"，确保所输入的方向、数值与单位准确无误，SketchUp 便能正确计算直线终点的位置。完成长度值的输入后，按键盘上的回车键确认执行该命令，如图 3-3 所示。

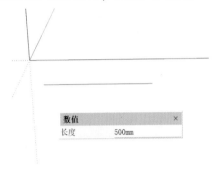

图 3-3　输入参数确认直线长度

### 3. 分割线段

在 SketchUp 中，若用户尝试在已存在的一条线段上绘制另一条线段，系统将会智能识别并自动在新线段起始处将原线段切断，形成分离的两部分。

例如，若打算将某一线段分割成两截，操作方法是在该线段上的任意一点启动新线段的绘制（见图 3-4），一旦新线段绘制完毕，原先的整线便会于新线段起点处分成两段独立的线段（见图 3-5）。当用户删除了所添加的线段时，原有的线段会即刻复原其连续状态，重新恢复成一条完整无中断的线段。

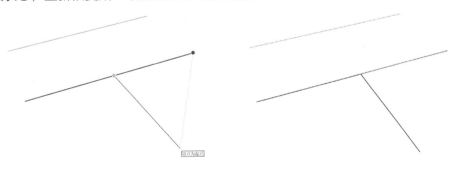

图 3-4　确定起点　　　　　　　　　　图 3-5　绘制直线

### 4. 分割平面

在 SketchUp 中，要将一个平面切割为两个部分，可以采用如下方法：首先，确保要绘制直线的两个端点落在该平面的边界线上。操作时，先在所选平面任意一侧定位鼠标并单击，以此设定直线的初始起点。然后，将鼠标拖曳至对侧边的相应位置，此时，只需在此处再次单击鼠标，即可完成直线分割平面的过程，原先整体的平面会被这条直线一分为二，呈现出两个独立的平面区域，如图 3-6 ~ 图 3-8 所示。

图 3-6　原平面　　　　　图 3-7　切割结果（a）　　　图 3-8　切割结果（b）

### 5. 直线的捕捉和追踪功能

同 AutoCAD 一样，SketchUp 同样具备自动捕捉与追踪特性，且该功能处于启用状态。用户在进行绘图操作时，可利用捕捉和追踪功能，提升绘图精确度与工作效率。

在 SketchUp 中，包括三种核心捕捉类型，即端点捕捉、中点捕捉和交点捕捉，如图 3-9 所示。当用户在绘制或编辑几何物体时，光标一旦接近这些预定义的特殊点，系统会自动将光标精确吸附到该点上，极大地提升了用户的绘图效率与准确性。

（a）端点捕捉　　　　　　（b）中点捕捉　　　　　　（c）交点捕捉

图 3-9　捕捉类型示意图

### 6. 拆分线段

拆分线段是指将一条连续的线段分割成两个或多个独立的部分。SketchUp 支持线段被均等地分割成多个部分。若要将线段等分，操作者只需在该线段上右击鼠标，在弹出的快捷菜单中选择"拆分"命令，在线段上移动鼠标，软件将自动计算并显示出等分后的段数及其对应的长度，如图 3-10 和图 3-11 所示。

图 3-10　选择"拆分"命令　　　　　　　　图 3-11　拆分线段结果

【温馨提示】

在进行线段拆分时，若想拆分成任意段数，就可在执行"拆分"命令后，输入对应段数数值。例如，要将线段等分为 5 段，就可直接输入数字 5。输入完等分数后，按键盘上的回车键确认，系统将会根据输入的数值自动将所选线段等分，如图 3-12 所示。

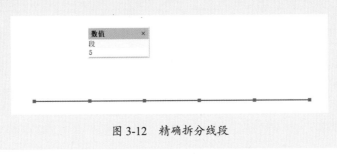

图 3-12　精确拆分线段

## 3.1.2 "矩形"工具

"矩形"工具允许用户通过对角两端点的确立构建一个标准的矩形形状，绘制完毕后系统将自动形成一个闭合的矩形平面。以下是 SketchUp 中"矩形"工具的使用方法和详细说明。

"矩形"工具的调用方式有以下几种。

■ 通过菜单栏：在菜单栏中执行"绘图"|"形状"|"矩形"命令。

■ 通过工具栏：在左侧的大工具集中，单击图标█。

■ 使用快捷键：按键盘上的 R 键，可快速激活"矩形"工具。

1. 利用参数输入精确绘制矩形

绘制矩形过程中，其尺寸数据会在数值输入框内直观显示。用户在确定第一个角点或者绘制完矩形之后，均能通过键盘精确输入所需尺寸数值，如图 3-13 所示。此外，除了数字输入之外，SketchUp 还支持附加上对应的度量单位输入，例如 1 英寸（1"）、1 毫米（1mm）、1 米（1m）等，如图 3-14 所示。

图 3-13　输入精确尺寸　　　图 3-14　输入带单位的尺寸

2. 根据提示绘制矩形

在绘制矩形时，若其宽高比例恰好为黄金分割比例，那么在拖动鼠标进行位置设定时，矩形内部将出现一条虚线对角线，与此同时，光标附近会同步显示"黄金分割"提示，说明该矩形恰好实现了黄金分割比例，如图 3-15 所示。同样地，若矩形长宽一致，也会有一条虚线形式的对角线在图形内出现，此时光标附近会同步显示"正方形"提示，说明所绘图形是标准的正方形形态，如图 3-16 所示。

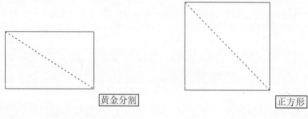

图 3-15　黄金分割提示信息　　　　图 3-16　正方形提示信息

### 3.1.3　"多边形"工具

"多边形"工具允许用户快速绘制具有固定边数的几何形状。以下是 SketchUp 中"多边形"工具的使用方法和详细说明。

"多边形"工具的调用方式有以下几种。

■ **通过菜单栏：** 在菜单栏中执行"绘图"|"形状"|"多边形"命令。

■ **通过工具栏：** 在左侧的大工具集中，单击图标 ⬡。

在绘制多边形时，首先激活"多边形"工具，在绘图区单击鼠标确认多边形中心位置，如图 3-17 所示。然后，移动鼠标确定内切圆半径和切向，再输入边数数值确定多边形的边数，如"12s"即边数为 12 的多边形，输入完毕按键盘上的回车键确认，完成绘制。

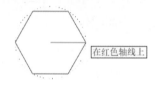

图 3-17　确定中心点

### 3.1.4　"圆"工具

"圆"工具允许用户创建精确圆形或圆形面。以下是 SketchUp 中"圆"工具的使用方法和详细说明。

"圆"工具的调用方式有以下几种。

■ **通过菜单栏：** 在菜单栏中执行"绘图"|"形状"|"圆"命令。

■ **通过工具栏：** 在左侧的大工具集中，单击图标 ⬤。

■ **使用快捷键：** 按键盘上的 C 键，可快速激活"圆"工具。

在绘制圆时，首先激活"圆"工具，单击第一点确定圆心，单击第二点或输入数值确定圆半径，用户可以紧接着在数值输入框中输入分段数，如"8s"即该圆形以正八边形形态显示，如图 3-18 所示；若输入"16s"，即该圆形以正十六边形形态显示，如图 3-19 所示。值得注意的是，对于制作包含圆形元素的实体，为确保平滑度，建议避免使用低于 16 边的分段数来定义圆，圆的边数越多，其形状才越接近于视觉上的圆形。如创建一个具有 32 条边分段数的圆，其视觉外观更接近平滑的圆形，如图 3-20 所示。

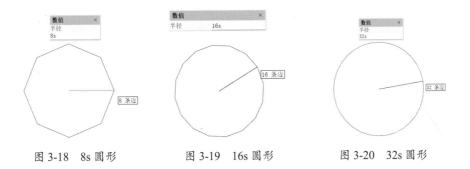

图 3-18  8s 圆形          图 3-19  16s 圆形          图 3-20  32s 圆形

**知识拓展**  **圆的本质也是多边形的一种**

在 SketchUp 中，圆形的本质是通过正多边形模拟构建的，这一特性在圆分段较多时可能并不明显，但当放大观察时，这一构造方式就可能导致视觉瑕疵或计算误差显现。因此，在 SketchUp 内绘制圆形时，如有需要可对圆的边数加以调整，以适应使用场景。

### 3.1.5  "圆弧"工具

"圆弧"工具可以构建具有圆弧形态的图形。以下是"圆弧"工具的使用方法和详细说明。

"圆弧"工具的调用方式有以下几种。

■ **通过菜单栏：** 在菜单栏中执行"绘图"|"圆弧"命令。

■ **通过工具栏：** 在左侧的大工具集中，单击图标 。

■ **使用快捷键：** 按键盘上的 A 键，可快速激活"圆弧"工具。

1. 根据中心点、半径和终点绘制圆弧

此方法是通过依次单击鼠标确定圆弧的中心点、半径以及终点位置的参数来绘制圆弧。激活"圆弧"工具，光标会变为角度指示器，这时可在绘图工作区域内单击来指定圆弧的中心点，接着依次确定圆弧的半径和终点位置，即可绘制出圆弧，如图 3-21 和图 3-22 所示。

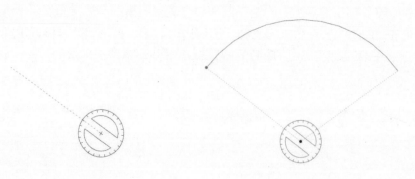

图 3-21　指定圆弧起点和半径　　　　图 3-22　指定圆弧终点

**2. 根据两点和凸起高度绘制圆弧**

此方法是通过指定圆弧的起点、终点和凸起高度参数绘制圆弧，同时也是系统默认的绘制圆弧的方法。激活该工具后，分步骤确定圆弧的起始位置与终止位置，通过鼠标拖曳确定弧形的高度，也可借助数值输入框精确输入相应数值，从而实现圆弧的绘制，如图 3-23 和图 3-24 所示。

图 3-23　指定圆弧起点和终点　　　　图 3-24　指定圆弧的高度

**3. 三点画弧和扇形**

三点画弧是通过指定圆弧上的三个坐标点来绘制弧，如图 3-25 所示。扇形的绘制方法与依据圆心及两定点绘制圆弧的方法相同，但绘制结果所呈现的是一个完整闭环且成面的圆弧，如图 3-26 所示。

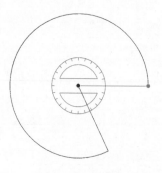
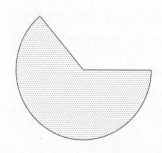

图 3-25　三点画弧　　　　　　　　图 3-26　绘制扇形

【温馨提示】

　　SketchUp 提供了多种创建圆弧的方法，各有适用的场合。在实际应用中，"根据两点和凸起高度绘制圆弧"的方式更为灵活也更为常用。

### 3.1.6　"手绘线"工具

　　"手绘线"工具允许用户以一种更为自由、自然的方式绘制线条，模拟真实手绘的感觉，适用于需要非精确、艺术化线条效果表现的场景。以下是"手绘线"工具的使用方法和详细说明。

　　"手绘线"工具的调用方式有以下几种。

- 通过菜单栏：在菜单栏中执行"绘图"|"直线"|"手绘线"命令。
- 通过工具栏：在左侧的大工具集中，单击图标 ∿。

　　激活"手绘线"工具后，在绘图工作区单击鼠标并保持按下状态，随即拖动鼠标以勾勒所需曲线轮廓，待绘制完成时释放鼠标，即可形成手绘线的图形，如图 3-27 所示。

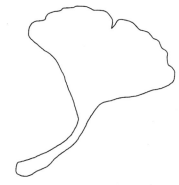

图 3-27　用"手绘线"工具绘制树叶形态

## 3.2　编辑工具

　　SketchUp 的"编辑"工具栏包含了"移动""推 / 拉""旋转""路径跟随""缩放""镜像"以及"偏移"共 7 个工具，如图 3-28 所示。其中"移动""旋转""缩放""镜像"和"偏移"5 个工具用于对象位置、形态的变换与复制，而"推 / 拉""路径跟随"两个工具则用于将二维图形转变成三维实体。此外，还有独立于"编辑"工具栏外的"擦除"工具 ✐，也是非常常用的编辑工具。

图 3-28　"编辑"工具栏

### 3.2.1　"擦除"工具

　　"擦除"工具主要用于直接删除模型中的线、面或其他几何元素，它是对模型进行清理、修改和简化的重要工具之一。以下是"擦除"工具的使用方法和详细说明。

"擦除"工具的调用方式有以下几种。

- **通过菜单栏**：在菜单栏中执行"绘图"|"擦除"命令。
- **通过工具栏**：在左侧的大工具集中，单击图标 ✎。
- **使用快捷键**：按键盘上的 E 键，可快速激活"擦除"工具。

#### 1. 删除对象

在使用"选择"工具选择需要删除的线或面后，按键盘上 Delete 键可执行删除。同时，也可运用"擦除"工具执行类似效果的操作。

使用"擦除"工具移除边有两种方法：一是"点击擦除"法，即通过激活"擦除"工具后，单击需擦除的对象即可实现擦除效果，此方式每次仅能擦除一个元素，如图 3-29 和图 3-30 所示。

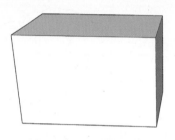

图 3-29　擦除对象边线

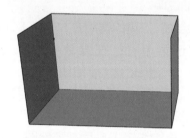

图 3-30　擦除边线后的效果

另一种则是"拖曳擦除"法，即持续按住鼠标左键不放并进行拖动操作，可实现大面积擦除，在此过程中，凡是被光标轨迹覆盖且随之变为蓝色的对象，待释放鼠标时，均会被系统一并擦除。该方式允许一次删除多个几何元素，适合高效清理多个目标对象。

#### 2. 柔化、硬化和隐藏边

运用"擦除"工具不仅能够执行边线的删除操作，还可配合键盘按键实现边线的柔化、硬化及隐藏处理。

以长方体为例，激活"擦除"工具后，选定其一侧边线，按住 Shift 键的同时进行单击操作，即可使该边线隐藏，但仍然可以区分明暗面，如图 3-31 所示。若按住 Ctrl 键再单击该边线，此时边线将呈现出柔化效果，但其明暗交界不再明显可辨，如图 3-32 所示。若同时按住 Shift 键和 Ctrl 键，然后在已柔化边线上单击，即可使该边线恢复至初始状态。

图 3-31　隐藏边

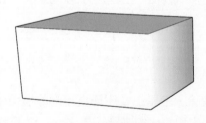

图 3-32　柔化边

此外，也可在模型界面上右击鼠标，在弹出的快捷菜单中选择"柔化/平滑边线"命令，在打开的"柔滑边线"面板中对边线进行柔化操作。

**知识拓展**　**为何面不能直接擦除**

在 SketchUp 中，面是构成实体（如盒子、圆柱等）的基本要素之一，它们与相邻面共享边线，共同构成了封闭的体积。这些面之间相互关联，以确保模型作为一个整体具有正确的物理属性和渲染表现。SketchUp 的擦除功能不支持直接擦除模型中的单个面，这是因为 SketchUp 作为基于实体建模的三维软件，着重于维护模型的几何完整性，如图 3-33 ～图 3-35 所示。

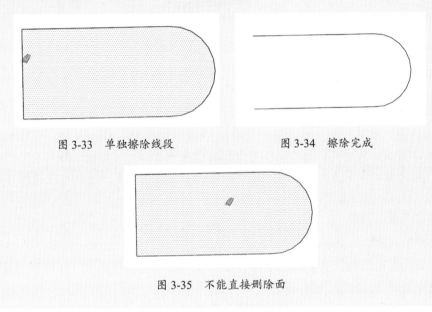

图 3-33　单独擦除线段　　　　　　图 3-34　擦除完成

图 3-35　不能直接删除面

## 3.2.2　"移动"工具

"移动"工具是调整模型对象位置的工具，它允许用户精确地进行平移、复制、拉伸等操作。以下是"移动"工具的使用方法和详细说明。

"移动"工具的调用方式有以下几种。

■ **通过菜单栏**：在菜单栏中执行"工具"|"移动"命令。

■ **通过工具栏**：在左侧的大工具集中，单击图标 ❖。

■ **使用快捷键**：按键盘上的 M 键，可快速激活"移动"工具。

1. 移动对象

选取要移动的模型对象，激活"移动"工具，单击确定起始移动基点，接着将鼠标指针移至指定目标位置并单击，即可实现模型对象的移动操作。

在移动模型对象的过程中，会出现一条参考辅助线，同时移动的距离会实时反映在数值输入框内，如图 3-36 所示。用户可以手动输入具体的移动位移量以实现精准定位。同时，执行"移动"命令过程中按住 Shift 键可锁定移动方向。

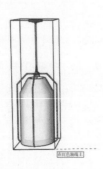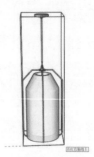

图 3-36　移动对象

**知识拓展**　**移动方向的控制**

在执行"移动"命令的过程中，按住 Shift 键即可锁定移动方向，这时参考辅助线显示为加粗的虚线。此外，还可以使用键盘的上、左、右键，即"↑""←""→"锁定移动方向为与蓝、绿、红轴平行的方向，以此更方便地实现精确移动。

2. 移动并复制对象

选定模型对象后，激活"移动"工具，在按住 Ctrl 键时，光标一侧将出现一个"+"号，单击确定起始位置，接着将鼠标指针移至指定目标位置并单击，即可实现模型对象的移动与复制操作，如图 3-37 所示。

完成对象的移动复制后，若在数值输入框中输入文字，例如输入"*5"，将会以先前移动复制模型对象相同的间距重复复制该对象，共生成 5 个副本，如图 3-38 所示。

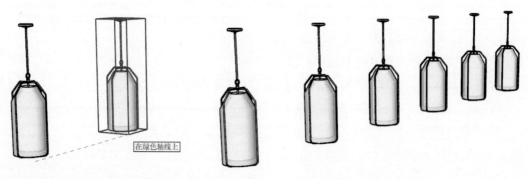

图 3-37　复制对象　　　　　　　　图 3-38　阵列复制对象

### 3. 拉伸对象

在用"移动"工具对物体的点、边线或面执行移动操作时，相应对象元素处于激活状态，此时只需单击并移动鼠标，即可实现对对象形态的调整，如图 3-39 ~ 图 3-41 所示。

图 3-39　移动端点　　　　图 3-40　移动边线　　　　图 3-41　移动面

在使用"移动"工具命令后，按住 Alt 键，能够实现对线段或面的强制性拉伸变形，构建出不规则几何形状，如图 3-42 ~ 图 3-44 所示。

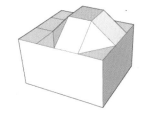

图 3-42　几何体　　　　图 3-43　强制拉伸线　　　　图 3-44　强制拉伸面

## 3.2.3 "旋转"工具

"旋转"工具允许用户对单个对象或多个对象执行旋转操作。以下是关于 SketchUp 中"旋转"工具的使用方法和详细说明。

"移动"工具的调用方式有以下几种。

■ 通过菜单栏：在菜单栏中执行"工具"|"旋转"命令。

■ 通过工具栏：在左侧的大工具集中，单击图标 ○。

■ 使用快捷键：按键盘上的 Q 键，可快速激活"旋转"工具。

### 1. 旋转对象

首先选取待旋转的模型对象，接着激活"旋转"工具，并在绘图工作区单击，以此确定旋转的中心；再单击确定第二个点，连线即成为旋转的基准线。接下来，通过移动鼠标将物体旋转至所需的角度，再次单击确认，旋转执行完毕。此外，也可选择直接输入旋转角度数值，再按键盘上的回车键确认，即可实现精确角度的旋转，如图 3-45 和图 3-46 所示。

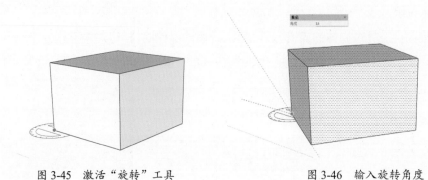

图 3-45　激活"旋转"工具　　　　　　图 3-46　输入旋转角度

**2. 旋转复制功能**

"旋转"工具具有将物体进行旋转并复制的功能。其操作方法与"移动"工具相似，即激活"旋转"工具后，按住 Ctrl 键可实现在旋转的同时复制模型对象。

### 3.2.4　"缩放"工具

"缩放"工具可以改变模型对象的尺寸，对模型对象进行放大或缩小操作。以下是关于 SketchUp 中"缩放"工具的使用方法和详细说明。

"缩放"工具的调用方式有以下几种。

■ **通过菜单栏：** 在菜单栏中执行"工具" | "缩放"命令。

■ **通过工具栏：** 在左侧的大工具集中，单击图标 ■。

■ **使用快捷键：** 按键盘上的 S 键，可快速激活"缩放"工具。

**1. 通过控制点进行缩放**

首先，选取待缩放的模型对象，激活"缩放"工具。接着单击任一控制角点并拖曳鼠标至所需缩放比例，再次单击确定比例，即可完成模型对象的缩放，如图 3-47 所示。

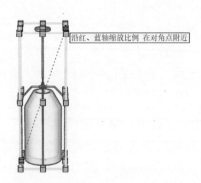

沿红、蓝轴缩放比例 在对角点附近

图 3-47　通过点缩放

【温馨提示】

　　在使用"缩放"工具时，选择不同缩放角点实现的效果也是有所不同的。激活"缩放"工具后，在对角的角点单击并拖曳鼠标可进行等比例缩放，在其余角点单击并拖曳鼠标可以分别进行红、绿、蓝单一轴向比例的缩放，或是两个轴向上的缩放。

### 2. 中心缩放

　　激活"缩放"工具后，同时按住键盘上的 Ctrl 键、Shift 键或两者共同使用，分别表示切换围绕中心调整比例、切换统一调整比例的操作模式，如图 3-48 所示。

### 3. 变形功能

　　在运用"缩放"工具对物体局部线条、面域进行尺寸调整时，将使模型发生形态变化，如图 3-49 所示。

图 3-48　围绕中心调整比例

图 3-49　"缩放"工具变形物体

## 3.2.5　"偏移"工具

　　"偏移"工具可以将同一平面中的线段或面域沿着一个方向偏移统一的距离，并复制出一个新的线段。以下是"偏移"工具的使用方法和详细说明。

　　"偏移"工具的调用方式有以下几种。

- 通过菜单栏：在菜单栏中执行"工具"|"偏移"命令。
- 通过工具栏：在左侧的大工具集中，单击图标 ⌀。
- 使用快捷键：按键盘上的 F 键，可快速激活"偏移"工具。

### 1. 面的偏移

　　"偏移"工具可以向内或向外复制出对应的边线。将光标移到选定的面上，单击鼠标并向内或向外拖动，直至达到所需的偏移距离，再次单击鼠标即可确认偏移操作，如图 3-50 和图 3-51 所示。

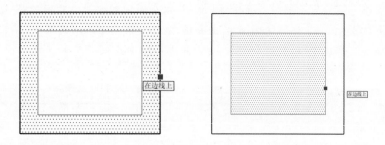

图 3-50　向内偏移　　　　　　　图 3-51　向外偏移

　　"偏移"工具可以对任意造型的非曲面进行偏移操作，这在创建厚度、增加模型的细节时非常有用，如图 3-52 ～ 图 3-54 所示。但对于曲面，则无法完成偏移操作，如圆柱侧面、球体表面。

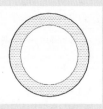 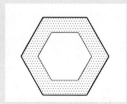 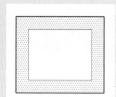

图 3-52　圆形偏移复制　　　图 3-53　多边形偏移复制　　　图 3-54　矩形偏移复制

**2. 线段的偏移复制**

　　由多条线组成的转折线、弧线以及线段与弧线组成的线形，均可以进行偏移与复制，如图 3-55 ～ 图 3-57 所示。

图 3-55　偏移复制转折线　　　图 3-56　偏移复制弧线　　　图 3-57　偏移复制混合线形

【温馨提示】

　　"偏移"工具无法对单独的线段以及有视觉交叉但不共面的异面线段进行偏移，如图 3-58 所示。

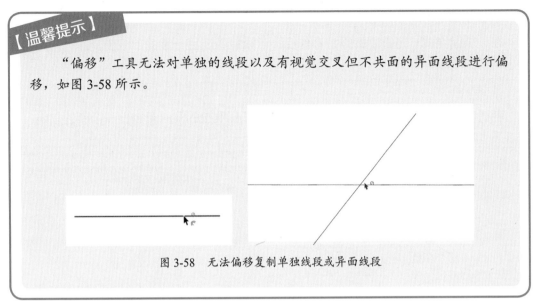

图 3-58　无法偏移复制单独线段或异面线段

## 3.2.6　"推 / 拉"工具

　　"推 / 拉"工具主要用于将二维图形转化为三维实体，或者对已有的三维对象进行高度或深度的改变。以下是关于 SketchUp 中"推 / 拉"工具的使用方法和详细说明。

　　"推 / 拉"工具的调用方式有以下几种。

- 通过菜单栏：在菜单栏中执行"工具" |"推 / 拉"命令。
- 通过工具栏：在左侧的大工具集中，单击图标 。
- 使用快捷键：按键盘上的 P 键，可快速激活"推 / 拉"工具。

　　激活"推拉"工具后，将光标移至目标面上，此时该面会呈现为被选中状态。接着单击并沿着垂直于该面的方向拖曳，原先的面会随着光标的移动转化为一个三维实体，如图 3-59 和图 3-60 所示。当然也可以输入精确的数值来控制推拉的高度。

图 3-59　选择面

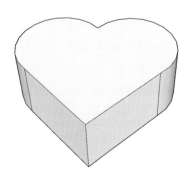

图 3-60　推拉效果

### 1. 重复推拉

在一个面完成一定高度的推拉操作后，若紧接着在另一平面上双击，即可将该面拉伸出相同的高度。

### 2. 复制推拉

在进行推拉的过程中，同时按住 Ctrl 键，可在推拉的同时复制出一个新的边线，如图 3-61 和图 3-62 所示。

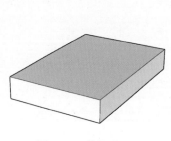
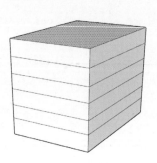

图 3-61　推拉面　　　　　　　图 3-62　复制推拉效果

## 3.2.7　"路径跟随"工具

"路径跟随"工具类似于 3ds Max 中的放样，允许用户沿着指定的路径生成三维对象，实现二维到三维的转化。以下是关于 SketchUp 中"路径跟随"工具的使用方法和详细说明。

"路径跟随"工具的调用方式有以下几种。

■ **通过菜单栏**：在菜单栏中执行"工具"|"路径跟随"命令。

■ **通过工具栏**：在左侧的大工具集中，单击图标 🐛。

### 1. 手动放样

绘制路径边线和截面，激活"路径跟随"工具，单击所选截面并让光标沿路径移动，此时路径边线将以红色高亮显示；到达终点时释放鼠标，即可完成操作，如图 3-63 和图 3-64 所示。

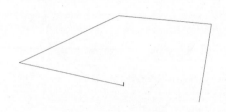
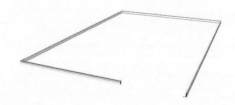

图 3-63　单击截面　　　　　　　图 3-64　沿路径移动

## 2. 自动放样

选择路径，激活"路径跟随"工具，单击截面，即可自动生成三维模型，如图 3-65 和图 3-66 所示。

图 3-65　截面与路径

图 3-66　执行"路径跟随"功能的效果

### 3.2.8　"镜像"工具

在实际工作中，对称性是一种常见的设计原则，它能够为空间带来平衡感和秩序感。SketchUp 的"镜像"工具可以帮助设计师快速创建对称的三维模型，极大地提高工作效率。这也是新版本增添的非常实用的功能之一。以下是关于 SketchUp 中"镜像"工具的使用方法和详细说明。

"镜像"工具的调用方式有以下几种。

■ **通过菜单栏：** 在菜单栏中执行"工具"|"镜像"命令。

■ **通过工具栏：** 在左侧的大工具集中，单击图标。

"镜像"工具的操作方法如下。

步骤 **01** 选择要镜像的模型对象，激活"镜像"工具，这时在所选择对象的表面会出现三个红、绿、蓝的彩色镜面，分别垂直于对应的轴向，如图 3-67 和图 3-68 所示。

图 3-67　选择对象

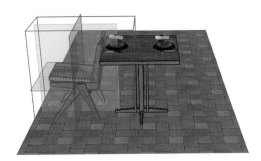

图 3-68　彩色镜面

步骤 **02** 确定希望进行镜像的镜像面，直接单击鼠标，如图 3-69 所示。

步骤 **03** 退出镜像操作。按键盘上的空格键，在空白处单击，即可退出镜像操作，完成效果如图 3-70 所示。

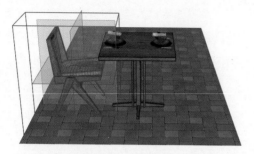 

图 3-69　选择镜像面　　　　　　　　　　图 3-70　镜像效果

【温馨提示】

　　　激活"镜像"工具后，可按住键盘上的 Ctrl 键进行旋转和复制功能切换。切换至复制功能后，可在镜像的同时另复制一个对象模型。在需要的时候利用这点技巧，可以实现更加便捷的制图工作。

## 3.3　建筑施工工具

　　SketchUp 在精度方面表现出色，这在很大程度上依赖于其实用且高效的建筑施工工具。"建筑施工"工具栏包括"卷尺""尺寸""量角器""文本""轴"及"三维文字"工具，如图 3-71 所示。其中，"卷尺"与"量角器"工具主要用于尺寸与角度的精确测定及辅助定位，其他工具则用于各类标记与文字内容的创建。

图 3-71　"建筑施工"工具栏

### 3.3.1　"卷尺"工具

　　"卷尺"工具是建模过程中不可或缺的辅助定位工具，它可以帮助用户实现精确测量。以下是"卷尺"工具的使用方法和详细说明。

　　"卷尺"工具的调用方式有以下几种。

■ **通过菜单栏**：在菜单栏中执行"工具"|"卷尺"命令。

■ **通过工具栏**：在左侧的大工具集中，单击图标 。

■ **使用快捷键**：按键盘上的 T 键，可快速激活"卷尺"工具。

**1. 测量长度**

激活"卷尺"工具，单击确定测量起始点，如图 3-72 所示。再将鼠标拖曳至测量终点处，此时光标附近将显示包含距离数值的提示文字，同时该长度数值显示在数值输入框内，如图 3-73 所示。再次单击鼠标左键，即可完成测量。

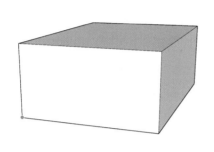

图 3-72　确定起点

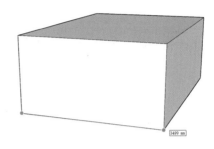

图 3-73　查看测量值

**2. 创建辅助线**

（1）线段延长线。激活"卷尺"工具后，用鼠标在需要创建延长线的端点处拖出一条延长线，再次单击鼠标左键，即可绘制出延长线。如需精确创建，可于屏幕右下角数值输入框输入具体数值进行限定，如图 3-74 所示。

（2）直线偏移辅助线。激活"卷尺"工具后，用鼠标单击基准边线，确定起点，

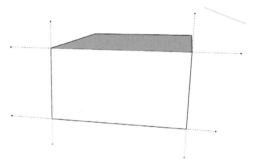

图 3-74　线段延长线

如图 3-75 所示。移动鼠标，偏移辅助线会跟随鼠标移动并实时显示其位置变化。再次单击鼠标，即可确定辅助线距离。如需精确创建，可在屏幕右下角数值输入框输入具体数值进行限定，如图 3-76 所示。

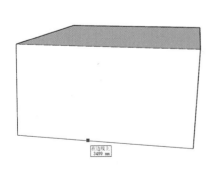

图 3-75　确定起点

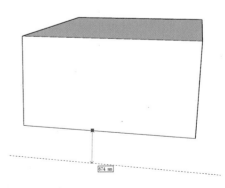

图 3-76　偏移辅助线

**知识拓展** **利用"卷尺"工具缩放模型**

运用"卷尺"工具，不仅能测量模型对象的尺寸，还能够实现模型尺寸的精细化控制，便于在多个单位间进行切换。

操作方法：首先通过"卷尺"工具测定距离，接着在数值输入框输入所需的尺寸数值并按键盘上的回车键进行确认操作，在弹出的提示对话框中单击"是"按钮以确认对模型尺寸的调整，如图 3-77 ~ 图 3-79 所示。

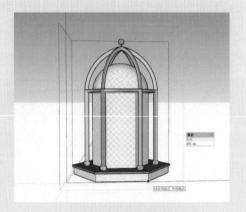

图 3-77 测量边线长度

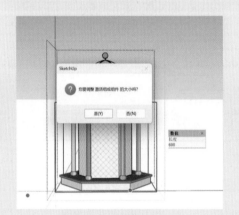

图 3-78 提示对话框

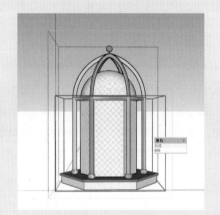

图 3-79 精细化控制模型尺寸

## 3.3.2 "尺寸"工具

"尺寸"工具主要用于在模型中添加尺寸标注，以清晰地表达设计意图、传达精确的尺寸信息，确保建模的准确性。以下是关于 SketchUp 中"尺寸"工具的使用方法和详细说明。

"尺寸"工具的调用方式有以下几种。

■ **通过菜单栏**：在菜单栏中执行"工具"|"尺寸"命令。

■ **通过工具栏**：在左侧的大工具集中，单击图标 。

### 1. 标注样式的设置

各类图纸因其标准不同，对标注样式也有不同的要求。在进行图纸标注时，首先需要选择合适的标注样式。用户可在"模型信息"对话框的"尺寸"选项卡中对相关参数予以设置，如图 3-80 所示。

图 3-80 "尺寸"选项卡

### 2. 尺寸标注

"尺寸"工具支持对 3 种类型的尺寸进行标注，分别为长度标注、半径标注以及直径标注。

（1）长度标注

激活"尺寸"工具后，在长度尺寸的起始点处单击鼠标，然后将光标移至该长度尺寸的终点并再次单击。继续移动光标，即可生成相应的尺寸标注。

（2）半径标注

半径标注主要是针对标注弧形的模型对象。激活"尺寸"工具后，在弧形处点击鼠标，随着鼠标的移动，系统会动态生成一个即时反馈该弧形尺寸的标注。若此标注文本内出现缩写代号 R，代表其数值为半径尺寸，如图 3-81 和图 3-82 所示。

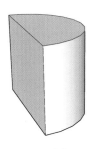
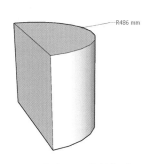

图 3-81 选择弧形边线 　　图 3-82 半径标注

（3）直径标注

直径标注主要是针对标注圆形的模型对象，其操作方法与半径标注相似。标注文本内出现缩写代号 DIA 或中文"直径"，则代表所标注为直径标注，如图 3-83 和图 3-84 所示。

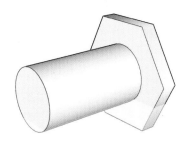

图 3-83 选择圆形边线 　　图 3-84 直径标注

**3. 标注的修改**

若对标注样式进行修改，只需单击鼠标右键，在弹出的快捷菜单中选择需调整的标注类型即可。

### 3.3.3 "量角器"工具

"量角器"工具可以用来创建角度辅助线和测量角度。以下是关于 SketchUp 中"量角器"工具的使用方法和详细说明。

"量角器"工具的调用方式有以下几种。

■ **通过菜单栏：在菜单栏中执行"工具"|"量角器"命令。**
■ **通过工具栏：在左侧的大工具集中，单击图标 ✐。**

#### 1. 创建角度辅助线

用户可以在数值输入框输入精确的角度数值，其中正值表示相对于当前光标指向逆时针旋转，按住键盘上的 Shift 键即可锁定当前操作平面。

#### 2. 测量角度

在使用"量角器"工具时，按住键盘上的 Ctrl 键，则仅进行角度测量而不生成任何辅助线。

### 3.3.4 "文本"工具

在工作中，材质品类、细部结构、采用工艺以及空间面积等信息都可通过"文本"工具标明。

SketchUp 的"文本"工具分为系统标注与用户标注两类。系统标注指由系统自动形成的文本说明，而用户标注则指由用户自己输入的标注文本。

#### 1. 引线注释文本

激活"文本"工具后，单击场景对象并拖动鼠标，拖曳出引导线，在合适的位置再次单击确定文本框位置，即完成了注释文字的创建，如图 3-85 所示。

#### 2. 用户标注

激活"文本"工具后，在场景对象上双击鼠标，即可生成无引导线的文本框，输入相关文字信息，即可创建注释文字，如图 3-86 所示。

#### 3. 屏幕文字

激活"文本"工具后，单击屏幕空白区域，在弹出的文本框中输入文字，即可创建屏幕文字。

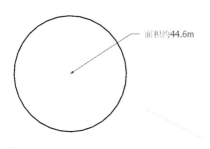

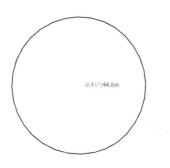

图 3-85 引线注释文字　　　　　　　　图 3-86 无引线的注释文字

## 3.3.5 "三维文字"工具

"三维文字"工具常被用于制作广告字体、标识、立体浮雕字等效果。激活"三维文字"工具后，系统会弹出"放置三维文本"对话框，用户在此界面内输入文本内容，设定相应字体样式，单击"放置"按钮即可将文字布置到指定位置，单击确认即完成三维文字的创建，如图 3-87 和图 3-88 所示。

图 3-87 "放置三维文本"对话框　　　　图 3-88 三维文字效果

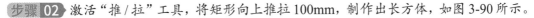

**课堂练习——停车场指示牌的制作**

下面利用本章所学内容制作一个停车场指示牌，操作步骤如下。

步骤 01 激活"矩形"工具，绘制一个 1000mm×500mm 的矩形，如图 3-89 所示。

步骤 02 激活"推/拉"工具，将矩形向上推拉 100mm，制作出长方体，如图 3-90 所示。

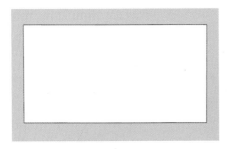

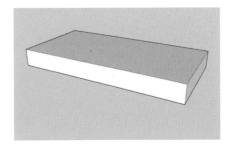

图 3-89 绘制矩形　　　　　　　　　　图 3-90 推拉出长方体

步骤 03 激活"直线"工具，捕捉中点并绘制一条直线，如图 3-91 所示。

步骤 04 激活"移动"工具，按住键盘上的 Ctrl 键将直线向两侧分别移动复制，距离设为 30mm，如图 3-92 所示。

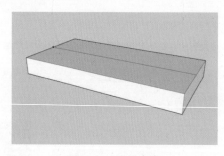

图 3-91 绘制直线

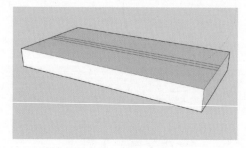

图 3-92 复制直线

步骤 05 删除中线，并选择中间的面和边线，如图 3-93 所示。

步骤 06 激活"移动"工具，将面沿 Z 轴向上移动 100mm，如图 3-94 所示。

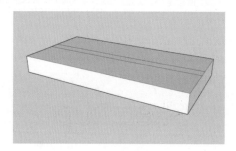

图 3-93 选择面和边线

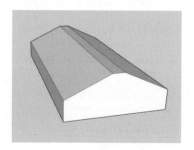

图 3-94 移动面

步骤 07 激活"推 / 拉"工具，将面向上推出 2200mm，并将模型创建成组，如图 3-95 所示。

步骤 08 激活"三维文字"工具，打开"放置三维文本"对话框，输入文本"P"并设置文字样式，单击"放置"按钮，如图 3-96 所示。

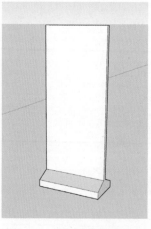

图 3-95 推拉模型塑造体积

图 3-96 设置文字

步骤 **09** 将创建的文字放置到合适的位置,如图 3-97 所示。

步骤 **10** 继续创建其他文字,分别放置到合适的位置,如图 3-98 所示。

图 3-97 放置文字

图 3-98 创建其他三维文字

步骤 **11** 激活"矩形"命令,绘制 120mm×120mm 的矩形,如图 3-99 所示。

步骤 **12** 利用"移动"和"擦除"工具,绘制宽度为 10mm 的箭头图形,如图 3-100 所示。

图 3-99 绘制矩形

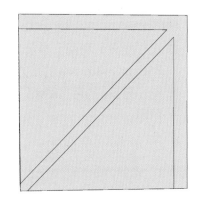

图 3-100 绘制箭头

步骤 **13** 删除多余线条,激活"推 / 拉"工具,将图形向外推出 20mm 的高度,如图 3-101 所示。

步骤 **14** 向下复制箭头模型,激活"旋转"工具,旋转箭头指向,完成停车场指示牌模型的制作,如图 3-102 所示。

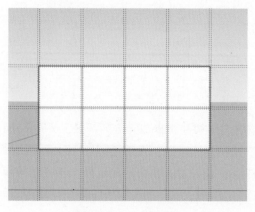

图 3-101　推拉模型　　　　　　　　　　图 3-102　完成制作

**拓展训练**

为了更好地掌握本章所学知识，在此列举几个与本章内容相关的拓展案例，以供练习。

1. 柜体的制作

使用 SketchUp 制作常见小型储物柜。

操作提示

■ 尺寸划分。利用"卷尺"工具绘制参考线并分割柜体，使得每个开放格尺寸为 350mm×350mm 的正方形，如图 3-103 所示。

■ 制作背板。利用"擦除"工具擦去多余线段，制作背板，厚度为 18mm，如图 3-104 所示。

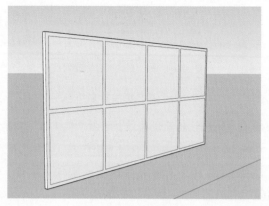

图 3-103　尺寸划分　　　　　　　　　　图 3-104　制作背板

■ 体积塑造。利用"推/拉"工具推拉出柜体深度350mm，并制作下部结构，如图3-105所示。

■ 赋予材质和背景。利用"油漆桶"工具赋予模型相应材质，并制作背景效果，如图 3-106 所示。

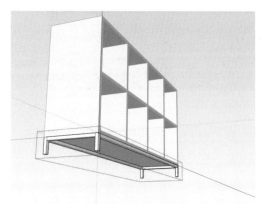

图 3-105　体积塑造

图 3-106　赋予材质和背景

## 2. AIGC 柜体效果营造

利用 Stable Diffusion 营造上一拓展练习的风格效果。

操作提示

■ 图生图导入图片。在 Stable Diffusion "图生图"面板导入上一拓展练习的完成图片，如图 3-107 所示。

■ 选择大模型，输入提示词。选择适合的大模型，如室内设计类、真实效果类大模型。正向提示词可以包括对制作主体的描述、环境背景的描述、细节的描述、质量的描述等；反向提示词可以包括对各种不想出现的效果，如图 3-108 所示。

图 3-107　图生图导入图片

图 3-108　输入提示词

■ 设置参数，执行生成。根据原始图片的比例设定相应出图比例，根据测试效果调整"重绘幅度"，根据需要设定生成批次数。生成效果如图 3-109 所示。

图 3-109　Stable Diffusion 生成结果

# 第4章

# SketchUp 高级工具

## 内容导读

前面几章介绍了 SketchUp 基本操作和常用工具，它们是学习 SketchUp 的入门技术。本章的高级工具是绘制一些复杂模型必不可少的技术准备，可有效处理加工 SketchUp 中的场景对象，更好地展示模型空间效果。

## 学习目标

√ 掌握组件与群组工具的使用
√ 掌握沙箱工具的使用
√ 掌握标记工具的使用
√ 掌握相机工具的使用
√ 掌握实体工具的使用

# 4.1 组件和群组工具

在 SketchUp 中，用户可以对多个对象进行打包组合。组件功能与群组功能有很多的相似性，如都可以将场景中的众多构件编辑成一个整体，并保持各构件之间的相对位置不变，从而实现各构件的整体操作。同时，将对象创建成组或组件也可避免粘连的情况发生。

## 4.1.1 组件工具

创建组件的方法很简单，只需选择需要创建组件的物体，右击鼠标调出快捷菜单，选择"创建组件"命令，即可创建组件。

### 1. 组件的关联性

对于外形一致的重复单元，在建模时通常使用组件工具，这样重复单元中的其中一个进行更改时，整个场景中的相应单元会随之改变，可以大大提高制图效率。如栏杆场景的制作，每一个竖杆单元都是右击创建成组件后再进行复制的，如图 4-1 和图 4-2 所示。充分利用组件的复制关联性对其中一个组件进行修改，效果就可同步到所复制的所有组件。例如，在场景中将长方形栏杆竖杆修改成圆柱形竖杆，相同组件的效果会同步随之改变，从而快速完成整个栏杆段的修改，如图 4-3 和图 4-4 所示。

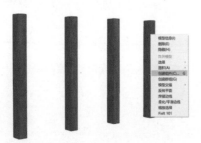

图 4-1 创建长方形竖杆组件

图 4-2 组件在场景中的效果

图 4-3 修改为圆柱形竖杆组件

图 4-4 修改后组件在场景中的效果

**2. 组件的视角固定**

由于二维图像的 2D 性，在对场景进行旋转观察时，二维图像常常会显得失真，如图 4-5 和图 4-6 所示。

图 4-5  理想视角 2D 人像的效果较好          图 4-6  侧面视角 2D 人像发生了失真

将二维模型创建成为组件后，可以利用组件实现视角的固定，从而达到始终保持正面的效果，方法如下。

步骤 **01** 选定场景内的 2D 人像，单击鼠标右键，在弹出的快捷菜单中选择"创建组件"命令，如图 4-7 所示。

步骤 **02** 在弹出的"创建组件"对话框中，勾选"总是朝向相机"复选框，此时系统会自动勾选"阴影朝向太阳"复选框。接着，单击"设置组件轴"按钮，如图 4-8 所示。

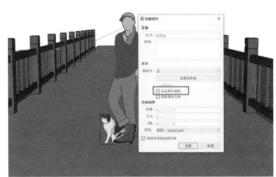

图 4-7  右键快捷菜单          图 4-8  设置组件参数

步骤 **03** 围绕 2D 人像底部设定轴向，返回到"创建组件"对话框，单击"创建"按钮完成操作，如图 4-9 所示。

步骤 **04** 通过旋转视角，可以验证 2D 人像始终保持面向观察者的特性，效果如图 4-10 所示。

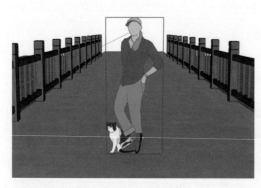

图 4-9  完成组件创建                    图 4-10  旋转视图效果

## 4.1.2  群组工具

群组工具是由一系列点、线段、面或三维对象构成的集合。群组和组件的区别是它参数简单，不具备关联性的功能特点。但群组作为一种临时性的管理单元，操作简便且不会增加文件的大小，具有轻便、快捷的优势。

### 1. 群组的创建与分解

创建群组的操作步骤如下。

**步骤 01** 选择需要创建群组的物体，单击鼠标右键调出快捷菜单，选择"创建群组"命令，如图 4-11 所示。

**步骤 02** 群组创建完成的效果如图 4-12 所示，单击群组中的任意部分，即可将该群组作为一个统一整体成功选择。

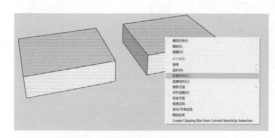
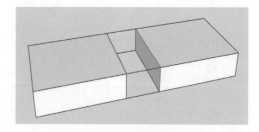

图 4-11  选择"创建群组"命令          图 4-12  群组创建完成效果

群组的分解与群组的创建步骤大体相同：首先选定目标群组，再单击鼠标右键调出快捷菜单，然后选择"炸开模型"命令，如图 4-13 所示，原先构成群组的各个对象将会恢复为各自独立的状态。

图 4-13　选择"炸开模型"命令

### 2. 群组的嵌套

群组的嵌套是指在一个群组内部包含另一个或多个群组。若要实现嵌套，首先需构建一个初始群组，接着将这个已存在的群组与其他独立群组一起选中，再创建新群组即可。

步骤 01　如图 4-14 所示，场景中包含了多个群组。操作时，先选定场景内所有的物体，接着单击鼠标右键，在弹出的快捷菜单中选择"创建群组"命令。

步骤 02　此时，单击场景内的任意单个物体，会发现整个场景中的多个原本独立的物体已经整合成为一个统一的整体结构，如图 4-15 所示。

图 4-14　选择"创建群组"命令

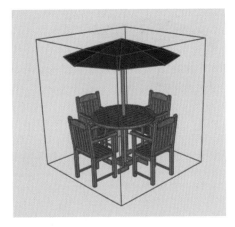

图 4-15　形成整体结构

### 3. 群组的编辑

双击群组或在右键快捷菜单中选择"编辑组"命令，即可对群组中包含的模型进行单独选择和调整，如图 4-16 所示。在完成调整之后，单击空白处可退出群组的编辑。

图 4-16　编辑群组

**4. 群组的锁定与解锁**

在场景中，若有暂时无需编辑的群组，用户可以将其锁定，以保护群组避免错误操作。群组的锁定与解锁操作步骤如下。

步骤 01　选定待锁定的群组，单击鼠标右键，在弹出的快捷菜单中选择"锁定"命令，如图 4-17 所示。

步骤 02　锁定后的群组将以红色边框标识，同时用户将无法对其进行任何形式的改动，如图 4-18 所示。需要说明的是，只有群组具备锁定功能，普通物体则无法被锁定。

若需解锁群组，只需单击鼠标右键，在弹出的快捷菜单中选择"解锁"选项即可。

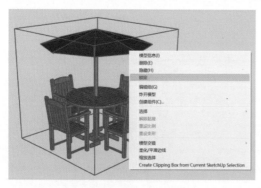

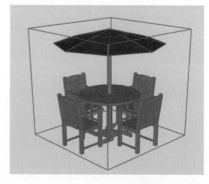

图 4-17　选择"锁定"命令　　　　　　图 4-18　被锁定的模型

## 4.2　沙箱工具

SketchUp 中的沙箱工具能够帮助用户创建和重塑三维地形结构。用户可以通过导入一系列等高线线条来构造出平缓起伏的地貌特征，实现山坡、山谷等地形特征的建模，并且能够进一步模拟建筑设计中的地基布局和自然高差等效果。

在"沙箱"工具栏中，包含 7 种工具，即"根据等高线创建""根据网格创建""曲面起伏""曲面平整""曲面投射""添加细部""对调角线"，如图 4-19 所示。

图 4-19　"沙箱"工具

## 4.2.1　根据等高线创建

"根据等高线创建"工具的作用是围绕连续的等高线构建形成三角面片。等高线包括但不限于直线段、圆弧、圆形及任意曲线形态。激活"根据等高线创建"工具，将自动封闭线条形成面，并将其转化为带有高差的斜坡表面。操作步骤如下。

步骤 01 用 SketchUp 自带的绘图工具或在 AutoCAD 绘图软件中绘制等高线。

步骤 02 选取待闭合成面的等高线线条，如图 4-20 所示。

步骤 03 在"沙箱"工具栏中选择"根据等高线创建"工具，等高线会自动生成一个组，如图 4-21 所示。

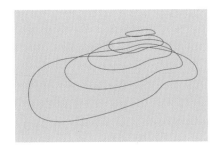
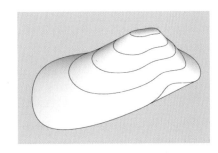

图 4-20　选择线条　　　　　　　图 4-21　创建等高线

## 4.2.2　根据网格创建

使用"根据网格创建"工具的操作步骤如下。

步骤 01 调整网格间距。激活"根据网格创建"工具后，在界面右下角的数值输入框输入数字，此数字代表方格网的格距大小，按键盘上的回车键即可确认所设定的数值。

步骤 02 绘制矩形方格网。由于是矩形，长和宽的数值都需设定。可通过鼠标直接拖曳调整尺寸，也可在数值输入框内输入精确数值以定义尺寸。一旦设定完成并绘制，将会生成一个组，如图 4-22 所示。

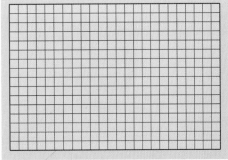

图 4-22　平面方格网

方格网并非最终呈现的效果，而是要利用"沙箱"工具栏中的其他工具配合操作来完善地形的效果。

### 4.2.3 曲面起伏

使用"曲面起伏"工具的操作步骤如下。

步骤 01 双击进入已绘制的网格组中，激活"曲面起伏"工具，将光标移动到网格上，再输入数值确定半径，这里半径代表了待拉伸点的影响范围，如图 4-23 所示。

步骤 02 单击选定操作点，然后沿垂直方向移动鼠标，以此来调节其在 Z 轴方向上的高度，如图 4-24 所示。

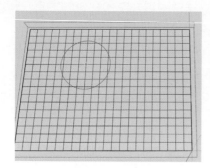
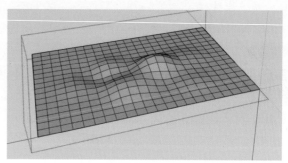

图 4-23　确定圆的半径　　　　　　图 4-24　确定 Z 轴高度

### 4.2.4 曲面平整

"曲面平整"工具可依据建筑物底部的水平参考面，对地形实体进行平整处理。使用"曲面平整"工具的操作步骤如下。

步骤 01 由于地形高出模拟山顶，将房屋放置山顶。在界面中选定房屋模型后，激活"曲面平整"工具，此时长方体底部会呈现一个红色矩形区域，如图 4-25 所示，这个红色的长方形区域代表了下方山体地形平整的潜在作用范围。

步骤 02 将光标移至山顶位置时，光标会变成 形状，山地模型会呈现出被选定的状态，如图 4-26 所示。

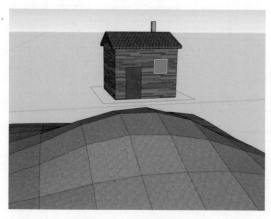
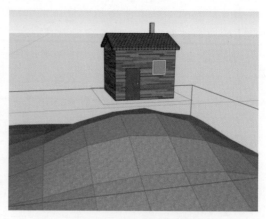

图 4-25　打开模型　　　　　　图 4-26　选择山地模型

步骤 **03** 单击鼠标后，光标将变为一个指向相反方向的双箭头图标，此时在山顶的位置，将会出现一个与长方体底面匹配能够进行调整的平面区域，如图 4-27 所示。

步骤 **04** 完成调整后，只需单击鼠标进行确认，即可实现地面的平整化处理，如图 4-28 所示。

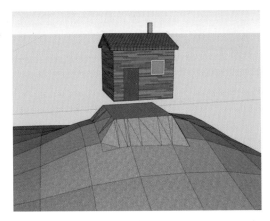

图 4-27 可调整的平面

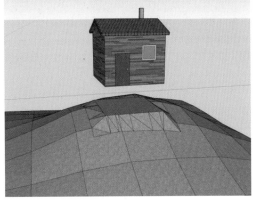

图 4-28 形成平整的地面

步骤 **05** 将长方体安置于山顶处的平坦面上，完成操作，如图 4-29 所示。

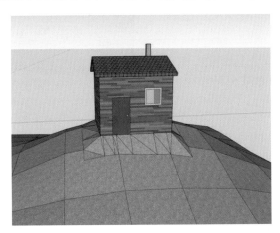

图 4-29 完成移动操作

## 4.2.5 曲面投射

使用"曲面投射"工具可以将物体的形状投影到地形上，如图 4-30 和图 4-31 所示为利用"曲面投射"工具模拟制作山坡道路的效果。该工具与"曲面平整"工具的区别在于，"曲面平整"工具是在地形上建立一个基地平面，使建筑物与地面结合，而"曲面投射"工具则是在地形上方划分一个投影物体的形状。

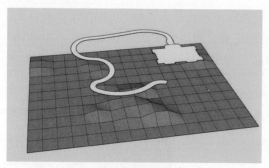

图 4-30　曲面投射前

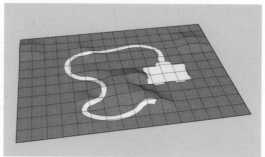

图 4-31　曲面投射后

### 4.2.6　添加细部

"添加细部"工具可对已构建好的网格进行必要的网格密度调整，实施精细化处理。操作步骤如下。

**步骤 01** 打开先前构建的模型，赋予材质后，双击进入编辑模式，如图 4-32 所示。

**步骤 02** 切换至顶部视图，选择待精细化处理的网格面，如图 4-33 所示。

**步骤 03** 选择"添加细部"工具，可发现所选区域的网格已进行了细致分割，呈现出更为密集的状态，如图 4-34 所示。

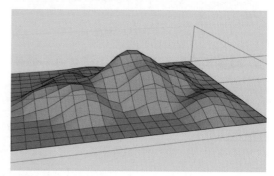

图 4-32　打开模型

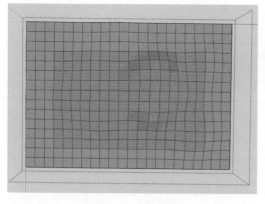

图 4-33　编辑图像

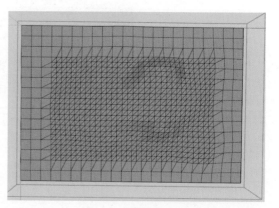

图 4-34　查看设置结果

**步骤 04** 再次使用"添加细部"工具对局部进行细化，效果如图 4-35 所示。

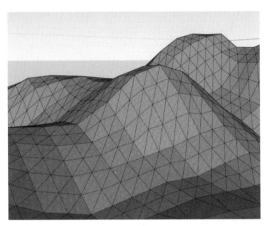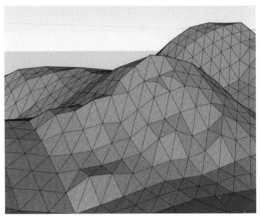

图 4-35　细化图形前后对比

### 4.2.7　对调角线

　　有时默认处理结果未能按照预期沿趋势自然延展，此时需要手动调整对角线进行优化，如图 4-36 所示。激活"对调角线"工具，可以对目标对角线执行对调操作，直至符合要求，如图 4-37 所示。

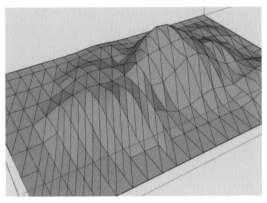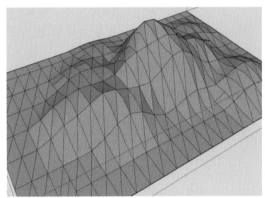

图 4-36　查看设置结果　　　　　　　　　图 4-37　对调操作

## 4.3　标记工具

　　很多图形图像处理软件都有图层功能，SketchUp 2023 中的图层被翻译为"标记"。在 SketchUp 中，标记的应用需求相较于 AutoCAD 来说并不那么频繁，因此在 SketchUp 的标准启动界面中并未显示"标记"工具栏。

### 4.3.1 "标记"工具栏的调用

"标记"工具栏的调用方法如下。

执行"视图"｜"工具栏"命令,打开"工具栏"对话框,勾选"标记"复选框即可打开"标记"工具栏,如图 4-38 所示。执行"窗口"｜"默认面板"｜"标记"命令,可以打开"标记"面板,如图 4-39 所示。

图 4-38　"标记"工具栏　　　　　图 4-39　"标记"面板

【温馨提示】

　　在较高版本的 SketchUp 中,原先的"图层"虽被翻译为不一样的名称——"标记",但其主要功能并未发生本质上的改变,操作方式上也基本相同。只是在以往的基础之上又优化了使用界面,增添了一些辅助功能。

### 4.3.2 标记的管理

标记工具主要用于组织和管理模型中的几何体,它能帮助用户分离不同类型的模型,以便独立编辑和控制其可见性、颜色、线型等属性。以下是 SketchUp 标记工具的基本操作。

#### 1. 标记的创建与删除

用户可以通过"标记"面板创建新的标记,每个标记可以看成一个独立的工作面。在 SketchUp 软件中,默认会生成一个名为"未标记"的初始标记,若没有设置其他标记,则所有图形内容都会被归置在这个默认标记内。这个默认的特殊标记不允许被用户删除,也无法对其名称进行更改。

创建与删除标记的操作步骤如下。

步骤 **01** 在"标记"面板内,单击"添加标记"按钮 ⊕,便能生成一个新的标记,用户可以自行设置标记名称及其专属的颜色标识,也可以重新排列标记的顺序。

**步骤 02** 同样地，右击鼠标，在弹出的快捷菜单中选择"删除标记"命令（见图 4-40），则能立即删除那些不含图形元素的标记。如果所删除的标记含有图形文件，在执行删除操作时，系统会弹出"删除包含图元的标记"对话框（见图 4-41），允许用户根据实际情况做出相应的选择。

图 4-40　选择"删除标记"命令　　　图 4-41　"删除包含图元的标记"对话框

### 2. 分配几何体至对应标记

用户可以选择模型中的对象，通过"标记"工具栏将模型对象移动到指定的标记层，方便分类管理，如图 4-42 所示。

### 3. 标记的显示与隐藏

图 4-42　分配几何体至对应标记

管理标记的核心在于切换标记的可视与不可视状态。当针对某一类别模型对象进行编辑加工或赋予材质时，为了防止意外编辑到其他类型的模型对象，可以隐藏不需要的标记，仅保留要操作的标记可见，这样不仅能够提高操作的准确性，也能大大增加制图效率。

隐藏标记的方法是在"标记"面板中去除该标记在"显示"列表相对应的眼睛图标 ◉（单击该图标即可去除眼睛标记）。如单击"标记"面板中"梁柱"标记前面的 ◉ 图标，则"梁柱"标记就会处于隐藏状态，而其他标记则正常显示。在"标记"面板中，显示标记的文字通常以黑色显示，隐藏标记的文字则呈现为灰色，如图 4-43 和图 4-44 所示。

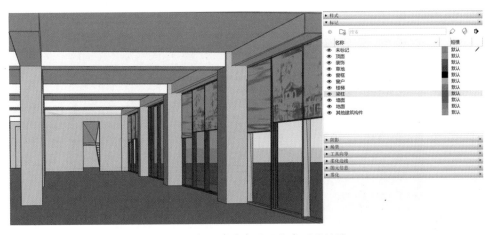

图 4-43　标记在全部显示状态下的效果

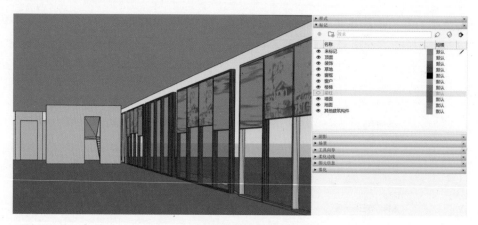

图 4-44　隐藏"梁柱"标记的效果

### 4. 设置标记颜色和线型

不同标记可以设置不同的颜色，便于在视图中区分不同标记上的内容。单击"标记"面板中的"颜色随标记"图标◈，显示标记的着色，以便于区分不同标记。单击标记不同色彩预览框■，可查看和更改标记颜色，如图 4-45 所示。标记颜色效果如图 4-46 所示。

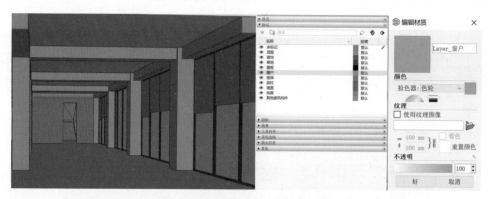

图 4-45　标记的颜色设置

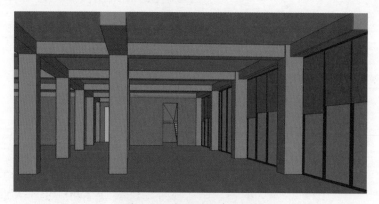

图 4-46　标记的颜色效果

## 4.4 相机工具

除前面讲到的"平移""缩放"等工具，"定位相机""观察""行走"等工具也位于"相机"工具栏中，如图 4-47 所示。其中"定位相机"工具用于相机位置与观察方向的确定，而"行走"工具则用于制作漫游动画。

图 4-47 "相机"工具栏

### 4.4.1 "定位相机"工具

激活"定位相机"工具，此时光标变成一个人物图标 ，将光标移动至合适位置并单击设定相机的位置基准，如图 4-48 所示。此时系统会切换视角并更新场景角度，如图 4-49 所示。完成相机设定后，只需在数值输入框输入需求的数值，即可自动调节相机的视线高度。

图 4-48 设定相机的位置　　　　　　　　　图 4-49 变换视角

### 4.4.2 "观察"工具

激活"观察"工具，光标变为 形状，此时按住鼠标左键并拖曳，即可实现对视角的自由变换，如图 4-50 和图 4-51 所示。

图 4-50 鼠标指针变成眼睛形状　　　　　　图 4-51 拖动光标变换视角

### 4.4.3 "行走"工具

通过"行走"工具 👣，可以模拟观察者走动的效果。激活"行走"工具，单击并拖动鼠标，在相机视图内可以产生连续变化的行走动画效果。此外，通过单击鼠标的同时按住键盘上的 Ctrl 键或 Shift 键，还可以完成前进、加速、旋转等行走动作。例如，利用"行走"工具创建漫游动画场景，操作步骤如下。

**步骤 01** 新建场景。打开模型，并用"定位相机"调整好视角，执行"视图"|"动画"|"添加场景"命令，如图 4-52 所示。

图 4-52　创建场景

**步骤 02** 激活"行走"工具，按住鼠标左键向前拖动，直至达到预期位置和角度。接着使用"添加场景"命令新增一个场景，如图 4-53 所示。

图 4-53　前进行走并添加新场景

步骤 03 将光标向左平移，伴随视线同步转动。接着使用"添加场景"命令新增一个场景，如图 4-54 所示。

图 4-54　旋转视角

步骤 04 按住键盘上的 Shift 键向上移动光标，则视线也会向上移动，如图 4-55 所示。

图 4-55　上移视线

步骤 05 继续向前拖动鼠标，并同时向右侧移动以调整视线角度，随后创建新的场景。接着执行"视图"|"动画"|"播放"命令，从而启动动画的播放过程，效果如图 4-56 和图 4-57 所示。

图 4-56　选择"播放"命令

图 4-57　播放动画

## 4.5　实体工具

SketchUp 中的"实体工具"工具栏包括"实体外壳""交集""并集""差集""修剪""分割"6 个工具，如图 4-58 所示。下面对实体工具的使用方法进行介绍。

图 4-58　"实体工具"工具栏

### 4.5.1 "实体外壳"工具

"实体外壳"工具具有将多个独立实体对象结合成单一实体的功能。当激活该工具后，将光标移动到一个实体对象上时，屏幕上会显示"实体组①"的提示信息，如图 4-59 所示。在此基础上，单击选定该实体，然后继续选择另一个实体，这时屏幕上会出现"实体组②"的提示信息，如图 4-60 所示。接下来，只需单击确认，即可将这两个实体合并为单一的实体结构，如图 4-61 所示。

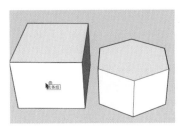
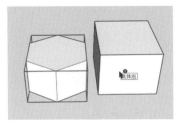
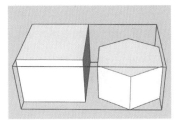

图 4-59　选择实体组①　　　　图 4-60　选择实体组②　　　　图 4-61　"实体外壳"运算结果

### 4.5.2 "交集"工具

"交集"工具实际上就是布尔运算中的交集运算，在很多三维软件中均有类似功能。该功能可高效地计算并提取出两个或多个实体相互重叠区域的模型部分。其操作步骤与"实体外壳"工具类似，如图 4-62 ~图 4-64 所示。

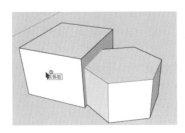
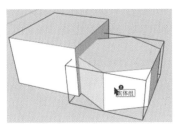
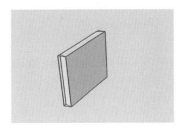

图 4-62　选择实体组①　　　　图 4-63　选择实体组②　　　　图 4-64　"交集"运算结果

### 4.5.3 "并集"工具

"并集"工具相当于布尔运算中的并集运算，在 SketchUp 中，"并集"功能与上文讲解过的"实体外壳"工具在作用上并无显著差异，它的使用方式与"交集"工具相似，这里不再详述其操作过程。

### 4.5.4 差集工具

"差集"工具相当于布尔运算中的差集运算，可从第二个选定实体中减去一个实体并且只保留最终运算结果，如图 4-65 ～图 4-67 所示。

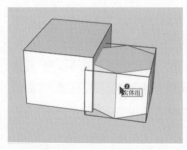
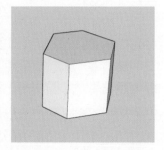

图 4-65　选择实体组① 　　　图 4-66　选择实体组② 　　　图 4-67　"差集"运算结果

### 4.5.5　修剪工具

"修剪"工具与"差集"工具略有相似，但当运用"修剪"工具执行布尔运算后，仅仅会剔除与后选实体相交的那部分模型，而不影响前选实体的其余部分。

### 4.5.6　分割工具

"分割"工具与"交集"工具相似，它在执行过程中不仅能找出实体间的交集部分，还可以分开两个相交的实体，按组保留重叠的几何图形，如图 4-68 ～图 4-70 所示。

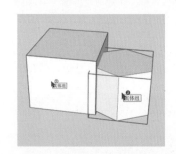
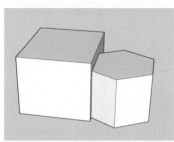
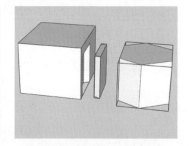

图 4-68　选择实体组①和实体组② 　图 4-69　"分割"运算结果 　　图 4-70　移动观察结果

## 课堂练习——场景漫游动画的制作

动画的展示可以充分展现空间的效果，下面介绍场景漫游动画的制作方法。

**步骤 01** 设置场景视角。打开视频案例模型，如图 4-71 所示。执行"视图"|"动画"|"添加场景"命令，在建筑入口处、泳池旁、展柜前、建筑内部各创建一个视角，如图 4-72 ～图 4-75 所示。

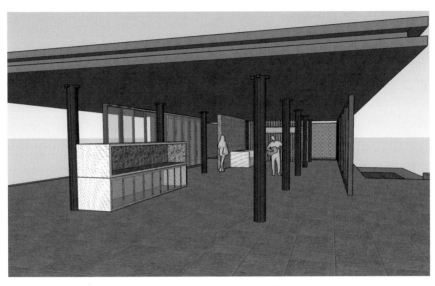

图 4-71　动画案例场景

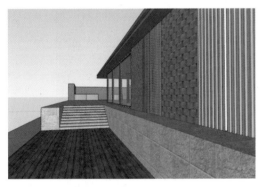

图 4-72　场景 1：入口视角

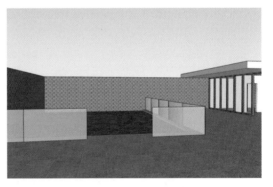

图 4-73　场景 2：泳池视角

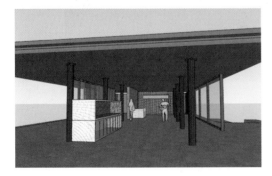

图 4-74　场景 3：展柜前视角

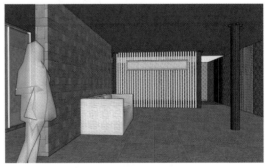

图 4-75　场景 4：建筑内部视角

**步骤 02** 设置视频动画参数。选择"视图"|"动画"|"设置"命令，调出"模型信息"对话框，如图 4-76 所示，可在此对话框中设置视频动画的参数。将"场景暂停"设置为 0 秒，将"场景转换"设置为合适的数值。

图 4-76　视频动画参数设置

**步骤 03** 播放动画。执行"视图"｜"动画"｜"播放"命令，启动动画的播放过程，如图 4-77 所示。

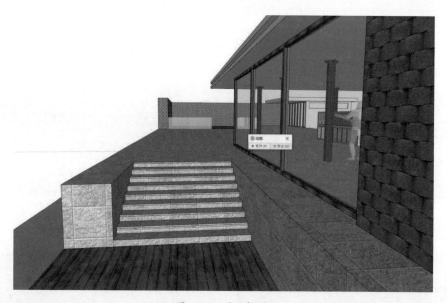

图 4-77　动画播放

## 拓展训练

为了更好地掌握本章所学知识，在此列举几个与本章内容相关的拓展案例，以供练习。

### 1. 制作植物组件

使用 2D 的竹子植物 PNG 图像，虚拟出 3D 竹林场景。

操作提示

■ 导入图片并创建组件。导入 PNG 竹子植物图，右击，在弹出的快捷菜单中选择"创建组件"命令，如图 4-78 和图 4-79 所示。

图 4-78　导入 PNG 图片

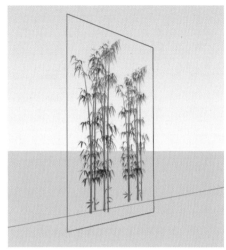

图 4-79　创建组件

■ 设置组件参数。设置对齐方式，设置组件轴，完成创建后复制组件形成竹林场景，如图 4-80 和图 4-81 所示。

图 4-80　设置组件参数

图 4-81　创建的竹林场景

## 2. 创建垃圾桶

使用群组、实体工具和基础建模命令完成生活中垃圾桶的创建。

■ 创建垃圾桶主体。创建高 350mm、厚 5mm 的空心圆环体，将底部适当沿中心缩放并成组，如图 4-82 所示。

■ 绘制镂空实体形状。根据参考线，通过"旋转"工具旋转并复制出实体形状，然后用实体工具中的"实体外壳"合并这些实体形状，如图 4-83 所示。

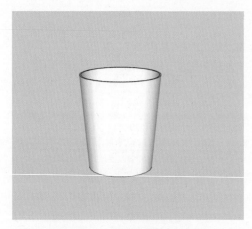

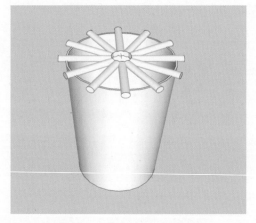

图 4-82　创建垃圾桶主体　　　　　　　　　　图 4-82　绘制镂空实体形状

■ 复制实体，并进行布尔运算。等距复制实体，并调用实体工具中的"差集"工具
　进行布尔运算，如图 4-84 所示。

■ 细节深化，赋予材质。用"偏移"工具结合"推拉"工具细化垃圾桶口部结构线，
　为垃圾桶赋予材质，如图 4-85 所示。

图 4-84　实体工具布尔运算　　　　　　　　　图 4-85　垃圾桶制作完成

# 第5章

# SketchUp 光影与材质的应用

## 内容导读 📖

　　本章的核心知识是光影与材质，模型的效果展现起到了重要的作用。通过本章内容的学习，读者可以掌握贴图、光影效果的使用方法和技巧，并掌握相关实际案例的制作方法。

## 学习目标 🎓

- ∨　掌握材质库的使用
- ∨　掌握纹理贴图的使用
- ∨　掌握阴影的设置方法
- ∨　掌握雾化工具的设置方法

# 5.1 SketchUp 材质

SketchUp 中包含了实用的材质工具，使用户能够应用、填充及变更模型材质，同时也支持从模型中提取材质并再次应用，提高了制图效率。

## 5.1.1 默认材质

在 SketchUp 中创建的模型对象，自创建之初就被自动赋予了一种默认材质，也就是初始材质。这种默认材质呈现双面特性，即同一个面有正反之分，正反两侧以不同的颜色呈现，以方便观察，如图 5-1 所示。

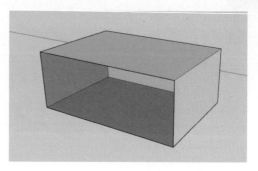

图 5-1　系统的默认正反面

**知识拓展　更改默认正反面颜色**

SketchUp 中默认的正反两面的颜色是可以改变的。更改的方法如下：执行"窗口"|"默认面板"|"样式"命令，调出"样式"面板，用户可以在"编辑"选项卡中更改正反两个面的相关颜色属性，如图 5-2 所示。

图 5-2　默认正反面颜色修改

## 5.1.2 材质浏览器和材质编辑器

材质浏览器用于从内置材质库中挑选合适的材质，还能进行材质的管理操作。材质编辑器则用于调整各种材质参数，如材质色彩、尺寸等，它可以对 SketchUp 场景内的纹理贴图进行直接编辑，并能在编辑完成后即时在场景中显示效果。

执行"窗口"丨"默认面板"丨"材质"命令，调出"材质"面板，如图 5-3 所示。单击✓按钮，即可切换至其他材质列表，如图 5-4 所示。材质浏览器的核心作用就是为用户提供所需的各类材质。

单击"编辑"标签，即可切换到"编辑"选项卡，如图 5-5 所示。展开"编辑"选项卡，便会出现一系列选项，如材质预览、材质名称、拾色器、纹理、材质尺寸、不透明度等，以下是具体内容的详细介绍。

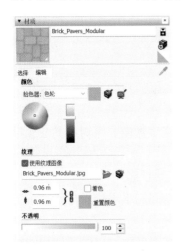

图 5-3 "材质"面板　　　　图 5-4 打开材质列表　　　　图 5-5 "编辑"选项卡

### 1. 材质名称

材质名称可采用中文、英文或阿拉伯数字，工作中材质的命名以易于识别为佳。需要注意的是，若需将模型导出至 3ds Max 等第三方软件，建议尽量避免采用中文名称，以免产生不必要的兼容性问题。

### 2. 材质预览

用于展示材质调整的效果，这是一个动态窗口，会随着参数的变化实时更新显示。

### 3. 拾色器

用于更改材质贴图颜色的设置。在该功能区，用户可以执行以下几种操作。

■ 恢复颜色变动：将颜色复原至初始状态。

■ 匹配模型中对象的颜色：在保持贴图纹理不发生改变的情况下，将当前材质与模型内其他材质的颜色进行混合。

■ 匹配屏幕上的颜色：在贴图纹理不变的情况下，将屏幕中的颜色与当前材质进行混合。

■ 着色：勾选该复选框后，可去除颜色与材质混合时可能出现的杂色现象。

此外，在 SketchUp 软件中，支持选用 4 种不同的拾色器系统：色轮、HLS、HSB以及 RGB。

- 色轮：用户可直接从色轮中选取任何所需颜色，同时用鼠标在色轮上拖动，可迅速浏览不同的色彩信息。
- HLS：HLS 拾色器会从灰阶色彩中吸取颜色。使用此工具可调整出各种深浅不一的黑调。
- HSB：允许用户从 HSB 色彩模型中提取颜色。HSB 模型可为用户呈现一种更为直观的颜色模型。
- RGB：RGB 拾色器则支持从 RGB 色彩空间中选取颜色。RGB 作为经典的颜色模式，接近人眼所能识别的色彩范围，是 SketchUp 中最实用的颜色拾色系统。

### 4. 纹理

若材质引用了外部纹理图片，可以修改贴图在水平方向和垂直方向上的尺寸大小。在该功能区域中，用户可以进行以下几类操作。

- 调整大小：在"贴图"卷展栏下方，通过修改长度和宽度数值，可对贴图在水平与垂直方向上的尺寸进行调整。
- 重设大小：只需单击图标，即可将贴图尺寸重置为初始状态。
- 单独调整大小：单击图标使锁链断开，即可分别对贴图的水平和垂直尺寸进行调整。
- 浏览：单击"浏览"按钮，可从外部选择图片以替代当前模型材质所使用的纹理贴图。
- 在外部编辑器中编辑纹理图像：单击按钮启动默认的图片编辑软件，可以对当前模型中的贴图纹理进行编辑操作。

### 5. 不透明度

玻璃材质是最常见的透明材质，其透明效果就是依靠材质的不透明度参数呈现的。若将材质的不透明度设置为 100%，则材质不具备任何透明效果；反之，若将透明度参数设置为 0，则材质表现为绝对透明的状态。

## 5.1.3 材质的赋予技巧

在材质赋予的过程中，配合 Ctrl 键、Shift 键以及 Alt 键，能够高效地将材质赋予多个表面，这一技巧能显著提升工作效率。

### 1. 单个填充

填充工具能够为单独的表面赋予材质。如果选择了多个目标，则可以一次性为所有已选目标赋予材质。

### 2. 邻接填充

在对某一表面执行填充操作时，若按住 Ctrl 键，则系统将会一同填充与选定表面相邻且使用相同材质的所有表面。

如图 5-6 所示为多个群组模型，双击即可进入编辑状态。激活"油漆桶"工具后，当按住键盘上的 Ctrl 键时，鼠标指针处的油漆桶图标将会附带三条并列的红色标记点。此时，若对某一面进行填充操作，则该模型内的所有具有相同材质的面都将随之被填充，如图 5-7 所示。

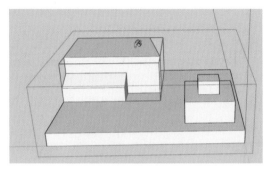
图 5-6　群组模型

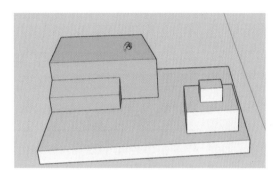
图 5-7　填充模型面

### 3. 替换材质

在对某个表面执行材质赋予操作时，若按住键盘上的 Shift 键，将会使用当前选定的材质替换场景中所有采用了相同材质的表面效果。

如图 5-8 所示，两个模型使用了相同材质，选取另一种不同的材质，并按住键盘上的 Shift 键，光标的油漆桶符号旁将出现三个呈直角分布的红色点。这时，只需单击其中一个模型的表面进行填充，对应的另一个模型材质也将随之同步变更，如图 5-9 所示。

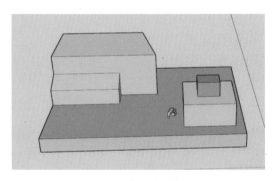
图 5-8　使用相同材质的模型

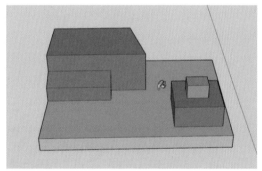
图 5-9　改变模型材质

### 4. 邻接替换

在对一个表面执行填充操作时，同时按住键盘上的 Ctrl 键与 Shift 键，将会实现上述两种组合效果。

### 5. 提取材质

在激活材质工具的状态下，按住 Alt 键并单击模型中的特定对象，即可提取该对象所应用的材质，并将其设定为当前材质，利用这个特性能方便地进行后续的材质赋予操作。

### 6. 为组或者组件上色

在对组或组件赋予材质时，实际上是将材质整体应用于整个组或组件，而非针对其内部各个独立元素。凡是在组或组件内使用基础默认材质的组成部分，均会接受所赋予的新材质特性。然而，对已有特定材质的元素，将维持原有的材质不变。

## 5.2 纹理贴图的应用

在材质编辑器内，用户可以利用 SketchUp 自带的默认材质库进行材质赋予，但该库仅提供了一些基础纹理素材。在实际工作中，为了满足多样化的设计需求，通常还需自行导入和增添材质资源。

### 5.2.1 贴图的使用与编辑

若用户需引用自外部的纹理贴图，在材质编辑器的"编辑"选项卡中可以选中"使用纹理图像"复选框，也可以单击"浏览材质图像文件"按钮进行操作，此时会弹出"选择图像"对话框，如图 5-10 和图 5-11 所示。用户从中选择所需贴图并单击"打开"按钮，即可完成操作。对于从外部导入的贴图，建议适当控制其大小，一般建议采用 JPEG 或 PNG 格式。

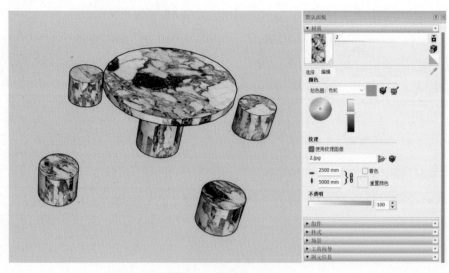

图 5-10　使用纹理图像

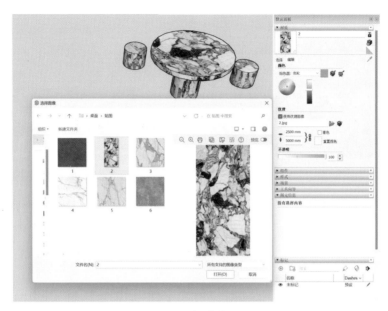

图 5-11　选择并导入贴图

## 5.2.2　贴图坐标的设置

在 SketchUp 中，无论表面是垂直、水平或是倾斜的，贴图都可以附着在表面。SketchUp 的贴图坐标系统有两种工作模式，分别为"固定图钉"模式和"自由图钉"模式。

1. "固定图钉" 模式

在物体贴图上单击鼠标右键，在弹出的快捷菜单中选择"纹理"｜"位置"命令，此时，范围外的贴图将以半透明形式呈现，并且贴图表面会显示 4 个带有颜色的图钉定位点，如图 5-12 和图 5-13 所示。

图 5-12　选择"位置"命令

图 5-13　固定图钉效果

■ 蓝色图钉：拖动该图钉可以调整纹理比例或变形纹理，单击可抬起图钉重新定位，如图 5-14 和图 5-15 所示。

图 5-14　拖动蓝色图钉　　　　　　　　　　图 5-15　贴图变形效果

■ 红色图钉：拖动该图钉可以移动纹理，单击可抬起图钉重新定位，如图 5-16 和图 5-17 所示。

图 5-16　拖动红色图钉　　　　　　　　　　图 5-17　贴图移动效果

■ 黄色图钉：拖动该图钉可以扭曲纹理，单击可抬起图钉重新定位，如图 5-18 和图 5-19 所示。

图 5-18　拖动黄色图钉　　　　　　　　　　图 5-19　贴图扭曲效果

■ 绿色图钉：拖动该图钉可以调整纹理比例或旋转纹理，单击可抬起图钉重新定位，如图 5-20 和图 5-21 所示。

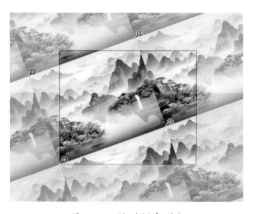

图 5-20　拖动绿色图钉

图 5-21　贴图旋转缩放效果

### 2. "自由图钉"模式

"自由图钉"模式一般用于适应性调整。在这种模式下，各个图钉彼此不再约束，允许用户将图钉拖曳至任意位置。只需在贴图的右键快捷菜单中选择"固定图钉"命令，就能将模式切换至"自由图钉"模式，这时 4 个彩色图钉变为一致的白色图钉，如图 5-22 和图 5-23 所示。

图 5-22　选择"固定图钉"命令

图 5-23　自由图钉效果

## 5.2.3　贴图的使用技巧

### 1. 转角贴图

转角贴图可以衔接模型的转折部位，下面通过简单实例进行说明。

步骤 01 创建一个长方体模型，如图 5-24 所示。

步骤 02 在材质编辑器中导入贴图，随后将材质应用到长方体对象上，并对其进行参数设置，如图 5-25 所示。

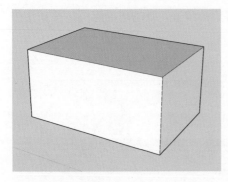

图 5-24　创建长方体

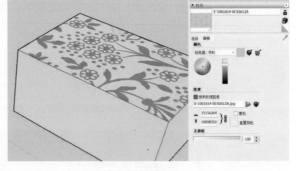

图 5-25　赋予材质

**步骤 03** 在贴图界面上单击鼠标右键,在弹出的快捷菜单中选择"纹理"|"位置"命令,如图 5-26 所示。

**步骤 04** 进入贴图坐标的编辑模式后,暂不进行其他操作,直接单击鼠标右键,在弹出的快捷菜单中选择"完成"命令,如图 5-27 所示。

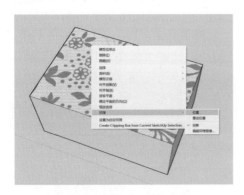

图 5-26　选择"位置"命令

图 5-27　选择"完成"命令

**步骤 05** 在材质编辑器的"选择"选项卡中单击"样本颜料"按钮🖊️,再到模型中获取材质,如图 5-28 所示。

**步骤 06** 此时光标将变为材质图案。将此材质赋予相邻的面时,会发现材质贴图能无缝且准确地衔接在一起,如图 5-29 所示。

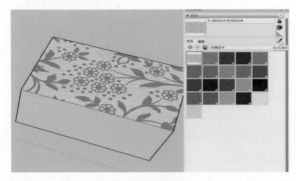

图 5-28　获取材质

图 5-29　将材质赋予相邻的面

2. 投影贴图

投影贴图的原理类似于利用投影仪将幻灯片影像投射到物体表面上。任何类型的曲面，无论其边缘是否进行了平滑处理，均可使用投影贴图实现无缝拼接的效果。

# 5.3　光影设置

在光照作用下，物体会有明暗之分，从而呈现出体积感、空间感。通过阴影效果和明暗对比的运用，能够有效地塑造出物体的三维立体感。

## 5.3.1　地理参照设置

建筑物在南北半球所接收到的日照时间和日照角度因地理位置不同而有所差异，因此为了模拟出精确的光影效果，确定建筑物的坐标是必不可少的前提条件。

执行"窗口"|"模型信息"命令，打开"模型信息"对话框，切换到"地理位置"选项卡，即可查看相关的配置参数，如图 5-30 所示。

单击"添加位置"按钮，即可打开 Google Earth 对当前位置定位。当然，也可采用手动方式添加地理位置信息。手动添加时，单击"手动设定位置"按钮，打开"手动设置地理位置"对话框，可在此处输入相应地理位置信息，如图 5-31 所示。

图 5-30　"地理位置"选项卡

图 5-31　"手动设置地理位置"对话框

## 5.3.2　阴影设置

通过"阴影"工具栏，用户能够对日期、时间等参数进行设置，以精确模拟现实中的光影效果。用户只需在"阴影"工具栏中激活"阴影"图标，即可打开"阴影"面板进行相应设置，如图 5-32 所示。

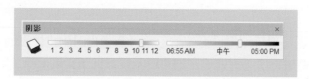

图 5-32　"阴影"设置面板

执行"窗口"｜"默认面板"｜"阴影"命令，打开"阴影"面板，其中第一个参数是 UTC 调整。UTC 是协调世界时间的英文缩写，在中国统一使用北京时间（东八区）为本地时间，因此以 UTC 为参考标准，北京时间就是 UTC+8:00，如图 5-33 和图 5-34 所示。

图 5-33　参数设置（1）　　　　　图 5-34　参数设置（2）

在设定好 UTC 时间之后，通过拖动面板内"时间"右侧的滑块可调整时间，相同的日期在不同时间点会产生不同的阴影效果。图 5-35 ～图 5-38 所示为一天中 4 个不同时间点的阴影效果。

图 5-35　6:30 阳光投影效果

图 5-36 10:30 阳光投影效果

图 5-37 13:30 阳光投影效果

图 5-38　16:30 阳光投影效果

在同一时间、不同日期也会产生不同的阴影效果，如图 5-39 ～图 5-42 所示为一年中 4 个月份的阴影效果。

图 5-39　2 月 15 日阳光投影效果

图 5-40　5 月 15 日阳光投影效果

图 5-41　9 月 15 日阳光投影效果

图 5-42　12 月 15 日阳光投影效果

　　此外，在保持其他参数不变的前提下，通过调整"亮""暗"参数滑块，同样能够改变场景中阴影的明暗对比，如图 5-43 和图 5-44 所示。

图 5-43　初始参数

图 5-44   调整到最亮

### 5.3.3   雾化设置

在SketchUp软件中,还有一种特殊的"雾化"效果,可以营造出一种朦胧的视觉氛围,能用来模拟场景中的有雾环境。如图 5-45 和图 5-46 所示,雾化效果的开启与关闭会表现出明显的对比。

图 5-45   雾化前效果

图 5-46　雾化后效果

通过执行"窗口"|"默认面板"|"雾化"命令，即可打开"雾化"面板，如图5-47所示。在面板中，用户能够控制雾化效果的显示与关闭，以及调整雾效在场景中起始显现的距离和达到完全不透明状态的距离。

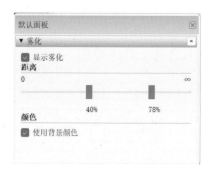

图 5-47　"雾化"面板

## 课堂练习——客厅电视背景墙的制作

电视背景墙是常见的室内空间主要界面之一，本案例中客厅电视背景墙的制作是本章及之前知识的综合运用，主要训练基础建模及材质和纹理的知识，制作步骤如下。

步骤 01　创建并划分矩形。首先用"矩形"工具绘制一个 4300mm×2800mm 的矩形。激活"卷尺"工具，从左侧依次向右测量 10mm、400mm、500mm，从上方依次向下测量 300mm、350mm，从下方依次向上测量 280mm、350mm，如图 5-48 所示。

步骤 02　调整边线。单击左侧直线，使用"移动"工具将直线向右移动 100mm，如图 5-49 所示。

步骤 03　绘制开放格和背景墙主体区域分界线，将左右两侧的面分别创建群组，如图 5-50 和图 5-51 所示。

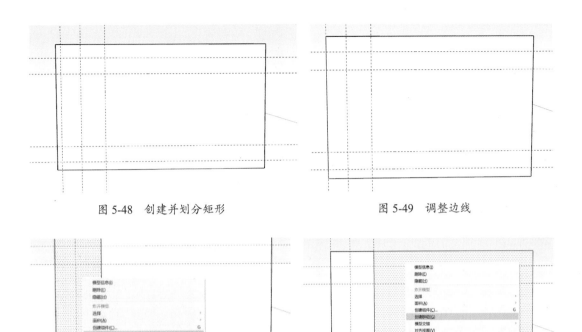

图 5-48　创建并划分矩形　　　　　　图 5-49　调整边线

图 5-50　左侧创建群组　　　　　　图 5-51　右侧创建群组

**步骤 04** 拆分直线。根据参考线绘制直线，将竖向中间的直线拆分为 5 段。再次使用"直线"工具绘制表示分割的直线，如图 5-52 和图 5-53 所示。

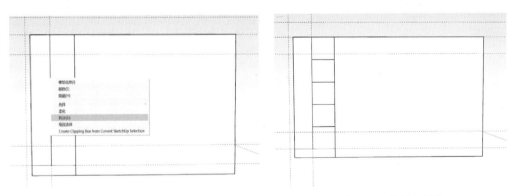

图 5-52　拆分直线　　　　　　图 5-53　绘制分割线

**步骤 05** 制作开放格板厚。激活"偏移"工具，将所有小方格向内偏移 18mm，如图 5-54 所示。

**步骤 06** 调整板厚尺寸。单击矩形内侧所有下边直线，使用"移动"工具将其向下移动 9mm。重复以上操作，将矩形内侧所有上边直线向上移动 9mm，最终使得矩形上方与下方直线间距为 18mm。调整完成后，删除多余线段，如图 5-55 所示。

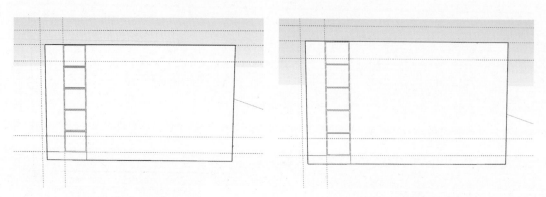

图 5-54　制作开放格板厚　　　　　　　图 5-55　调整板厚尺寸

**步骤 07** 选择"推 / 拉"工具，将左侧柜体向外推拉 35mm。同样地，将柜体和开放格整体向外推拉 35mm，如图 5-56 和图 5-57 所示。

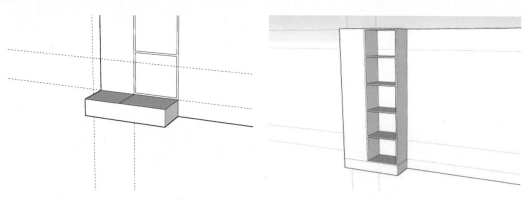

图 5-56　向外推拉 35mm　　　　　　　图 5-57　继续推拉同侧柜体结构

**步骤 08** 制作板缝。用"直线"工具将断开的线段连接起来，用"偏移"工具将长方形向内偏移 5mm，使用"推 / 拉"工具将中间缝隙向内侧推 10mm，如图 5-58 和图 5-59 所示。

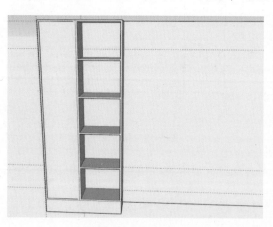
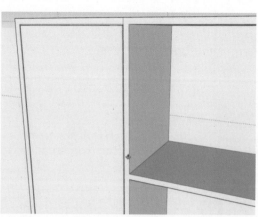

图 5-58　连接断线　　　　　　　　　　图 5-59　制作缝隙

**步骤 09** 赋予材质。双击进入柜体群组，将其赋予合适的木制材质，如图 5-60 所示。

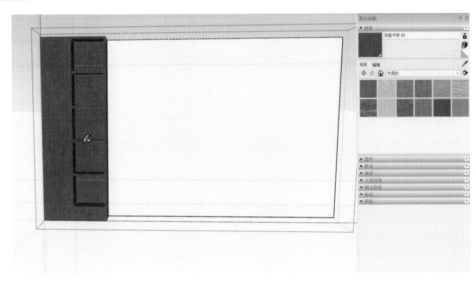

图 5-60　赋予材质

**步骤 10** 背景墙地台制作。双击右侧背景墙，进入群组编辑，激活"直线"工具，依据参考线绘制 3 条直线。激活"推 / 拉"工具，将底部长方形向上推拉 35mm 与柜面齐平，如图 5-61 所示；并将中间岩板向外推拉 20mm，如图 5-62 所示。

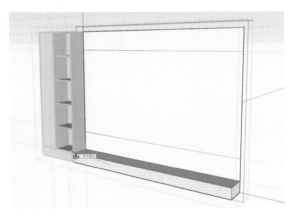

图 5-61　制作地台

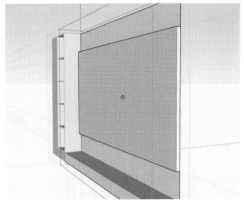

图 5-62　制作岩板厚度

**步骤 11** 划分电视机区域尺寸线。激活"卷尺"工具，以中间线为辅助线向两侧绘制参考线，绘制出的电视机区域尺寸为 2200mm×1250mm。使用"矩形"工具绘制电视机轮廓线，如图 5-63 和图 5-64 所示。

**步骤 12** 选择菜单栏中的"编辑"|"删除参考线"命令，将所有参考线删除。使用"偏移"工具，将电视机向内偏移合适的宽度，并用"推 / 拉"工具将内侧长方形向内推拉 15mm，如图 5-65 和图 5-66 所示。

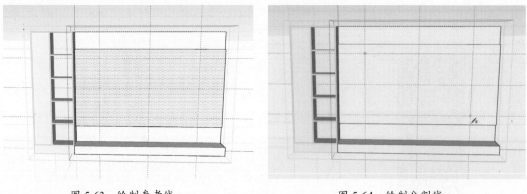

图 5-63　绘制参考线　　　　　　　　　　　图 5-64　绘制分割线

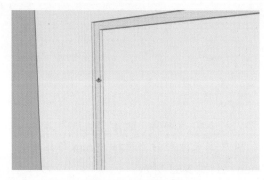
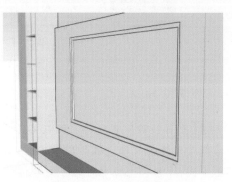

图 5-65　偏移边线　　　　　　　　　　　图 5-66　推拉出厚度

步骤 **13** 绘制长城板。选中电视机上方长方形，激活"移动"工具，将长方形移动复制，将其移出主体空间方便建模，如图 5-67 所示。

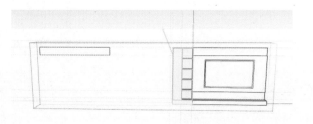

图 5-67　移出主体空间

步骤 **14** 右击长方形上方直线，在弹出的快捷菜单中选择"拆分"命令，将直线拆分为 100 段。使用"推/拉"工具将长方形向外拉伸合适的尺寸。使用"直线"工具绘制直线，连接上下边线。使用"移动"工具移动并复制线段，如图 5-68 和图 5-69 所示。

步骤 **15** 推拉长城板厚度。激活"推/拉"工具将最左侧长方形向外推拉 15mm，间隔双击剩下的所有长方形。将做好的模型赋予合适的木制材质，并创建群组，使用"移动"工具将其恢复至原位，完成效果如图 5-70 所示。

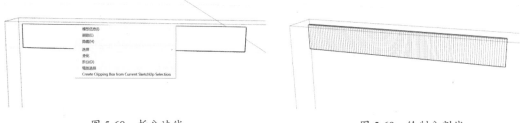

| 图 5-68 拆分边线 | 图 5-69 绘制分割线 |

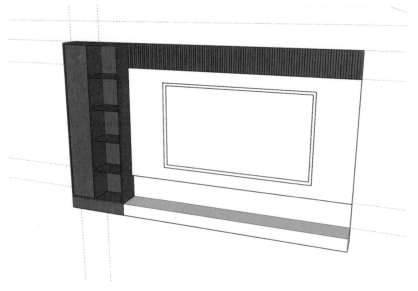

图 5-70 上方长城板完成效果

步骤 16 复制长城板，并赋予材质。为电视机岩板赋予合适的材质，选中电视机墙体上方的长城板移动并复制到下方，如图 5-71 所示。选中下方地台，赋予深黑色金属材质，如图 5-72 所示。

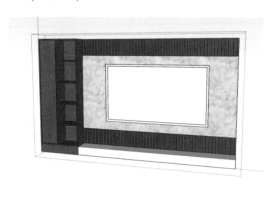

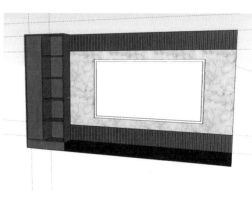

| 图 5-71 复制长城板 | 图 5-72 赋予材质 |

步骤 **17** 将合适的电视机贴图贴至矩形平面，并用纹理位置编辑功能调整贴图大小，如图 5-73 所示。给电视机边框轮廓赋予合适材质，如图 5-74 所示。

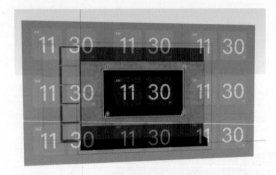

图 5-73 赋予并调整贴图　　　　　　　图 5-74 赋予边框材质

**拓展训练**

为了更好地掌握本章所学知识，在此列举几个与本章内容相关的拓展案例，以供练习。

1.AIGC 生成艺术装饰画

使用 AIGC 技术来生成艺术装饰画是一种新兴的创意方法。利用 Stable Diffusion 生成艺术装饰画具有高效率、高灵活性、高创新性和高成本效益等优点，节省了传统设计和绘画所需的时间。

操作提示

■ 确定艺术风格与主题。明确想要的装饰画艺术风格，如印象派、抽象表现主义、立体主义、超现实主义、未来主义、新古典主义等；确定主题内容，如风景、人物、静物、动物、符号、图案等；确定构图，如"Decorative painting of square"（正方形的装饰画）。

■ 使用 Stable Diffusion 生成画作。根据第一步确定的艺术风格与主题，编写清晰、具体的文本描述，确定生成批次数目，执行生成，如图 5-75 所示。

■ 调整与迭代。查看 AIGC 生成的初稿，评估其是否符合预期的艺术风格、主题内容和视觉效果。如果需要，微调描述，添加更多细节后进行再次生成，直至得到满意的艺术装饰画。

■ 后期处理与输出。对于生成的画作，可能需要进行一些后期处理，如调整色彩平衡、增强细节、去除瑕疵等。这一步可使用 Stable Diffusion 自动优化或使用 Photoshop 专业图像处理软件手动完成。

图 5-75　正方形抽象风格的装饰画

2. 装饰相框的制作

在当今多元化与个性化的生活居住理念驱动下，细部装饰成为提升空间情感温度与文化品位的关键要素。装饰相框作为连接艺术作品与居住环境的桥梁，是空间装饰中不可忽视的点缀。

操作提示

■ 绘制相框边框。绘制 500mm×500mm 的矩形，并向内偏移 30mm，绘制出画框的结构；再推拉出边框厚度 25mm，框内底板厚度 5mm，如图 5-76 所示。

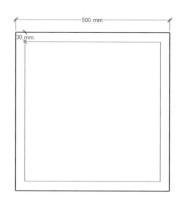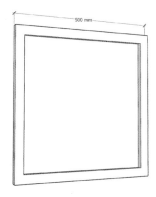

图 5-76　制作边框

135

■ 绘制边框细节并赋予材质。赋予外围边框材质，绘制 20mm×20mm 的矩形作为参考，连接对应的线做出相框的体积感，如图 5-77 所示。

图 5-77　赋予材质

■ 导入装饰画。导入 AIGC 生成的装饰画，并赋予材质。注意可运用本章所学知识调整材质贴图类型、大小比例和位置关系以适应当前相框的尺寸，如图 5-78 所示。

图 5-78　制作完成的装饰相框效果

第 6 章

# SketchUp 文件的
# 导入与导出

## 内容导读 📖

通过 SketchUp 的导入和导出功能，可以更好地与 AutoCAD、3ds Max、
Photoshop 等设计软件、建模软件进行数据交互，有利于团队协作。本章将
详细介绍 SketchUp 的文件导入、导出功能。

## 学习目标 🎓

  √　掌握 SketchUp 的导入功能
  √　掌握 SketchUp 的导出功能

## 6.1 SketchUp 的导入功能

SketchUp 中集成了读取 AutoCAD 的 DWG 格式文件的功能接口，这使得设计师能够便捷地使用 AutoCAD 中绘制的二维线条作为设计参照。同时，SketchUp 也支持 3DS 格式的文件。充分利用导入的外部图形数据，可以显著减少设计师在绘图工作中所需的时间投入。

### 6.1.1 导入图像文件

SketchUp 支持导入包括 JPG、PNG、TIF、TGA 等多种常用的二维图像文件，其中 PNG 和 JPG 格式图像最为常用。图像对象的本质是以图像文件作为贴图，且能够自由地移动、旋转和调整大小。

#### 1. 导入图像

有两种基本方法可将图像载入到 SketchUp 中。第一种方法是通过执行"文件"｜"导入"命令；第二种方法是直接将图像文件拖曳至 SketchUp 绘图工作区内。操作步骤如下。

步骤 01 执行"文件"｜"导入"命令，在弹出的"导入"对话框中，设置文件类型为"全部支持的图像类型"，选取要导入的图像文件，单击"导入"按钮进行导入操作，如图 6-1 和图 6-2 所示。

图 6-1 选择"导入"命令　　　　图 6-2 选择要置入图像

步骤 02 在绘图区域中首先标识图片的左下角坐标位置，然后通过拖动鼠标来调整图片的尺寸大小，如图 6-3 所示。

在"导入"对话框中选中"纹理"单选按钮，如图 6-4 所示，将所需图片导入 SketchUp 中，然后将光标放置在模型上的某一点并单击，以此作为贴图应用的初始位置，如图 6-5 所示。接下来移动光标确定贴图的大小尺寸，再单击鼠标，完成贴图纹理的创建，效果如图 6-6 所示。

　　激活"材质"工具，打开材质库，在其中可查找到新创建的材质，如图 6-7 所示。

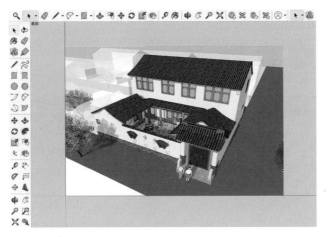

图 6-3　图像导入效果

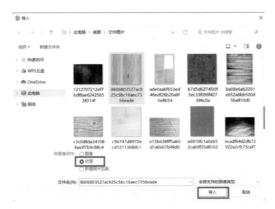

图 6-4　设置选项

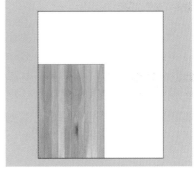

图 6-5　确定贴图的端点

图 6-6　完成贴图的创建

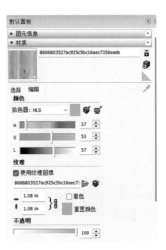

图 6-7　增添新的材质

在"导入"对话框中选中"新建照片匹配"单选按钮，如图 6-8 所示。一旦图像导入成功，SketchUp 将切换至如图 6-9 所示的界面，允许用户对此进行匹配调整。

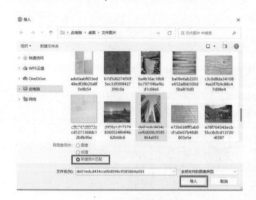

图 6-8　新建照片匹配

图 6-9　图片导入

### 2. 图像对象的关联命令

针对图像对象的操作可通过右击图像调用快捷菜单进行。其中的快捷菜单命令包括模型信息、删除、隐藏、炸开模型、导出、重新载入、缩放选择、阴影、用作材质等，如图 6-10 所示。

- 模型信息：右击图像可调用快捷菜单（见图 6-11），选择"模型信息"命令将会打开"图元信息"面板（见图 6-12），在该面板中用户能够查看并调整图像的属性。
- 删除：该命令用于从模型中移除图像。
- 隐藏：该命令用于隐藏选定的对象。
- 炸开模型：该命令用于模型分解。
- 导出、重新载入："导出"可以将图片输出后在其他软件中进行编辑，结合"重新载入"功能可以将编辑后的图像重新载入。

图 6-10　快捷菜单命令

图 6-11　调用快捷菜单命令

图 6-12　"图元信息"面板

■ 缩放选择：该命令会调整视图范围以便完整展现整个图像，并确保其居于绘图窗口中央。

■ 阴影：该命令能够为图像添加阴影效果。

■ 用作材质：该命令允许将导入的图像应用于模型材质作为贴图。

## 6.1.2 导入 AutoCAD 文件

在 SketchUp 中，可将由 AutoCAD 创建的二维图形导入 SketchUp 绘图环境中。以此作为构建三维设计方案的依据，可以节约制图时间，增加工作效率，具体操作步骤如下。

步骤 01 在菜单栏中执行"文件"|"导入"命令，打开"导入"对话框，设置文件类型为 .dwg 或 .dxf 格式，选择想要导入的 AutoCAD 文件后，单击"选项"按钮，如图 6-13 所示。

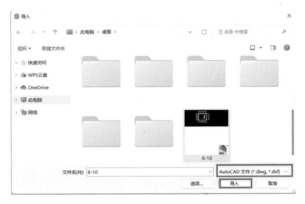

图 6-13 "导入"对话框

步骤 02 打开"导入 AutoCAD DWG/DXF 选项"对话框，将"单位"设置为"毫米"，同时选中"几何图形"区域中的相关选项，单击"好"按钮即可执行导入命令，如图 6-14 所示。

步骤 03 此刻系统将显示一个进度条，提示正在进行的操作，如图 6-15 所示。

图 6-14 设置导入参数

图 6-15 显示导入进度

步骤 04 导入操作完成后，将出现如图 6-16 所示的提示对话框。

步骤 05 导入后的图形即可在窗口显示，如图 6-17 所示。

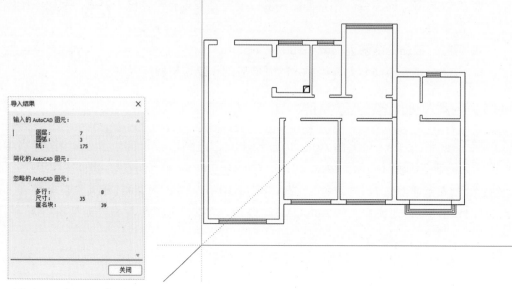

图 6-16　导入结果提示框　　　　　　　　　　图 6-17　导入图形结果

步骤 **06** 清除图形中多余的线条，即可完成 AutoCAD 文件的导入操作。

【温馨提示】

　　若在导入图形文件之前，SketchUp 场景中已经存在其他实体，那么新导入的图形会自动整合成一个组，防止与已存在的场景对象相互交错或重叠。导入 AutoCAD 文件的过程相对简单，但要注意单位的设置，避免因单位错误导致图形失去参考价值。

### 6.1.3　导入 3DS 文件

　　SketchUp 对 3DS 格式文件的兼容相当出色，不过即使成功地导入此类文件，往往还需要对其部分细节做进一步细化调整。导入 3DS 文件的具体操作步骤如下。

步骤 **01** 执行"文件"|"导入"命令，打开"导入"对话框，设置文件类型为 .3ds 格式，选择要导入的 3DS 文件，单击"选项"按钮，如图 6-18 所示。

步骤 **02** 打开"3DS 导入选项"对话框，勾选"合并共面平面"复选框，并设置"单位"为"毫米"，单击"好"按钮，如图 6-19 所示。

步骤 **03** 系统将弹出"导入进度"提示对话框。

步骤 **04** 文件导入后，系统将自动弹出"导入结果"对话框，如图 6-20 所示。

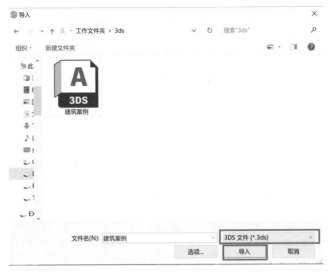

图 6-18　"导入"对话框

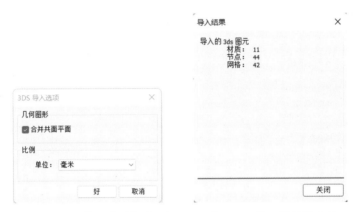

图 6-19　"3DS 导入选项"对话框　　　图 6-20　导入结果提示框

步骤 05 关闭提示框后，即可看到文件成功导入后的结果，如图 6-21 所示。

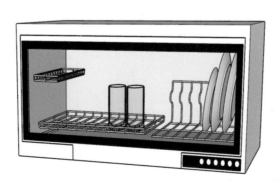

图 6-21　查看导入结果

## 6.2 SketchUp 的导出功能

SketchUp 可以将场景的模型对象导出，这些模型能够在其他三维软件中再次打开并继续编辑操作。

### 6.2.1 导出二维图像文件

执行"文件"｜"导出"｜"二维图形"命令，如图 6-22 所示。这时会弹出"输出二维图形"对话框，如图 6-23 所示，在这里可以指定文件名称、选择文件格式以及存储位置。单击"选项"按钮进入"输出选项"对话框，如图 6-24 所示。在该对话框中设置导出图像的各项参数后，即可顺利完成图像的导出操作。

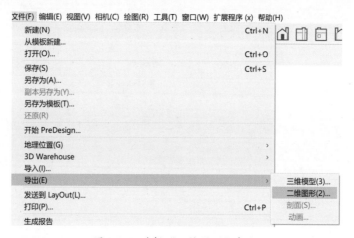

图 6-22 选择"二维图形"命令

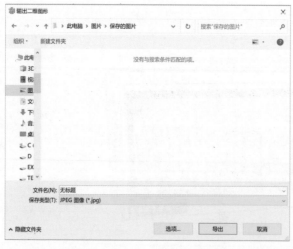

图 6-23 "输出二维图形"对话框

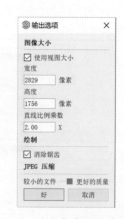

图 6-24 "输出选项"对话框

此外，SketchUp 支持导出的二维图像文件还包括 PDF 文件、EPS 文件、Windows 位图、标签图像文件、便携式网络图像、AutoCAD DWG 文件、AutoCAD DXF 文件等，选择对应的文件格式即可，如图 6-25 所示。

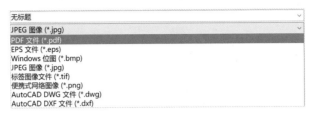

图 6-25　选择导出二维图像格式

### 6.2.2　导出三维模型文件

SketchUp 能够将场景模型以 3DS、DWG 以及 DXF 等业内通用的标准格式进行导出，并且支持后续的渲染工作。SketchUp 导出三维模型文件的方法类似二维图像的导出，如图 6-26 所示，具体步骤不再赘述。只需将导出后的文件在对应三维软件中打开，即可进行查看和进一步的编辑加工。

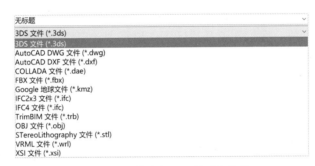

图 6-26　支持导出的三维图像格式

### 6.2.3　导出视频文件

视频导出是 SketchUp 经常用到的核心功能。用户通过在模型空间中设置不同场景来构建不同的观察视角，如图 6-27 所示。在设置好观察视角后，执行"视图"｜"动画"｜"设置"命令，调出"模型信息 - 导出"对话框（见图 6-28 和图 6-29），可在此对话框中设置视频动画的各项参数。一旦完成了动画参数的设置，便可通过菜单栏上的"文件"｜"导出"命令导出视频文件。

图 6-27　场景动画视角的设置

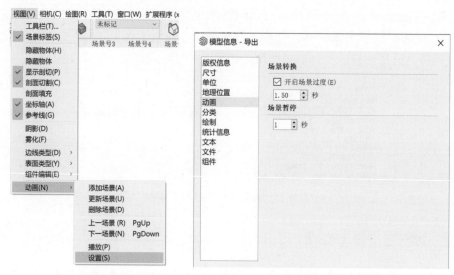

图 6-28　选择"设置"命令　　　　图 6-29　"模型信息 - 导出"对话框

## 课堂练习——制作小型别墅模型

通过之前章节所学，我们知道在设计工作过程中，Stable Diffusion 可以快速绘制参考模型。这里就利用 Stable Diffusion 绘制的别墅效果作为参考，在 Sketchup 中进一步实现别墅建模，如图 6-30 所示。

图 6-30　Stable Diffusion 生成别墅参考

步骤 01　绘制平面。参考生成别墅图片进行别墅平面及环境绘制，去除
Stable Diffusion 生成的不合理区域，将绘制完成的场景进行保存，如图 6-31
所示。

步骤 02　模拟房间分割。由于本案例是室外别墅建筑表现，只需根据建筑的平面，模拟
建筑内部房间的大致走向即可达到预期的效果，如图 6-32 所示。

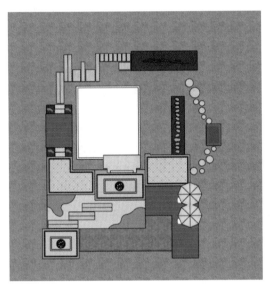

图 6-31　绘制平面

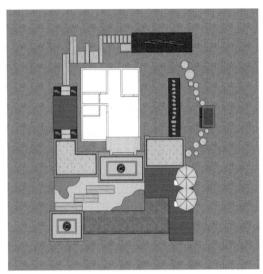

图 6-32　分割建筑内部房间

步骤 03　制作一层建筑结构。利用"推/拉"工具推拉出别墅一层的层高 3300mm，如
图 6-33 所示。

步骤 04　门窗洞口制作。在外墙上做辅助线，定位出需要开出的门窗洞口，利用"推/拉"
工具制作出门窗洞口。执行"文件"｜"导入"命令，导入成品门窗模型，并放置在门
窗洞口对应的位置，如图 6-34 所示。

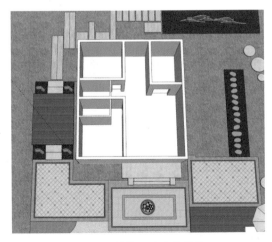

图 6-33　制作一层建筑结构

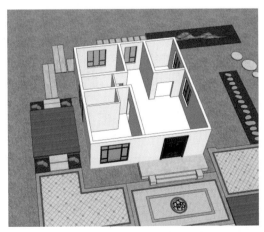

图 6-34　门窗洞口制作

步骤 **05** 复制二层建筑结构。将一层建筑主体成组，向上移动并复制出二层建筑结构，如图 6-35 所示。

步骤 **06** 划分二层结构的门窗洞口。利用"卷尺"工具定位二层门洞口的尺寸，推拉墙体，留出安装门窗的位置，如图 6-36 所示。

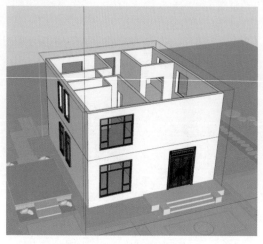

图 6-35 制作二层建筑结构

图 6-36 制作门窗洞口

步骤 **07** 导入二层建筑门窗构件。将门窗构件导入相应的洞口位置，如图 6-37 所示。

步骤 **08** 制作二层阳台板结构。绘制阳台挑板，挑出尺寸为 1300mm，梁厚为 240mm，如图 6-38 所示。

图 6-37 导入门窗构件

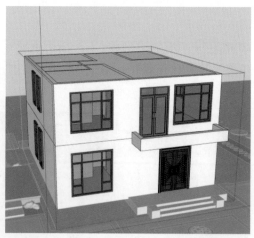

图 6-38 制作二层阳台板结构

步骤 **09** 制作阳台扶手。将栏杆扶手创建为组件，使扶手离地高度为 1100mm，如图 6-39 所示。

步骤 **10** 绘制建筑主体屋面。沿建筑主体中心作出中线，形成坡屋面结构线，并向 Z 轴上方移动，形成坡度，如图 6-40 所示。

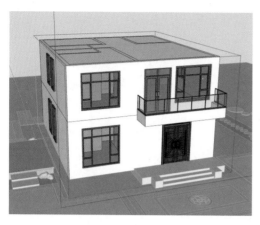

图 6-39 制作阳台扶手

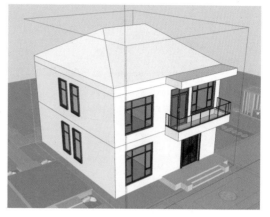

图 6-40 绘制坡屋面

**步骤 11** 绘制雨棚坡屋面。绘制雨棚坡屋面形状，并将雨棚坡屋面与建筑主体屋面衔接，如图 6-41 所示。

**步骤 12** 赋予材质。将制作好的屋面赋予黑色的瓦片材质，如图 6-42 所示。

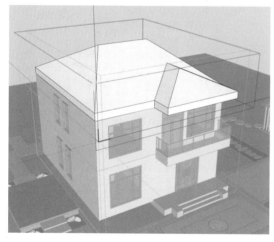

图 6-41 绘制雨棚坡屋面

图 6-42 赋予材质

**步骤 13** 制作外天沟。利用"偏移"工具和"推/拉"工具制作出外天沟的结构，并赋予材质，如图 6-43 所示。

**步骤 14** 绘制装饰线条。利用"路径跟随"工具丰富装饰线条，并赋予材质，如图 6-44 所示。

**步骤 15** 绘制柱子及装饰线。绘制柱子主体结构和装饰线，并利用"导入"命令导入装饰壁灯，如图 6-45 所示。

**步骤 16** 制作建筑勒脚。利用"卷尺"工具绘制高度为 600mm 的参考线作为勒脚高度，并使用"直线"和"推/拉"工具制作出建筑勒脚，如图 6-46 所示。

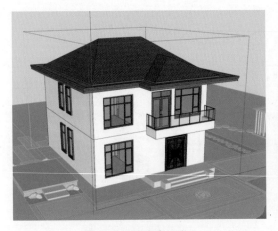

图 6-43　制作外天沟

图 6-44　绘制装饰线条

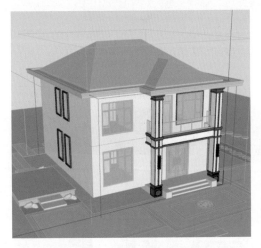

图 6-45　绘制柱子及装饰线

图 6-46　制作建筑勒脚

步骤 **17** ▶ 开启阴影。调整视角，开启阴影，建模完成效果如图 6-47 所示。

图 6-47　建模完成

**拓展训练**

为了更好地掌握本章所学知识,在此列举几个与本章内容相关的拓展案例,以供练习。

## 1. 导出 3DS 文件

将景观桥模型导出为 3DS 文件,方便后期在 3ds Max 软件中进一步编辑。

操作提示

■ 打开 SketchUp 景观桥文件,如图 6-48 所示。执行"文件"丨"导出"丨"三维模型"命令,打开"输出模型"对话框,设置文件名和保存类型,再设置储存路径。

■ 在 3ds Max 中执行"文件"丨"导入"命令,即可导入景观桥 3DS 文件,如图 6-49 所示。

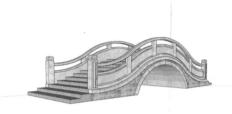

图 6-48　景观桥模型

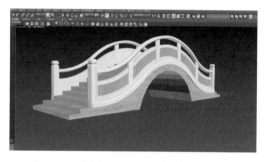

图 6-49　用 3ds Max 打开景观桥 3DS 文件

## 2. 导出二维图片

将如图 6-50 所示的庭院景观导出为图片格式。

图 6-50　庭院场景模型

操作提示

■ 执行"文件"|"导出"|"二维图形"命令，打开"输出二维图形"对话框，
  设置文件名及保存类型，再设置存储路径。

■ 打开存储的图片，效果如图 6-51 所示。

图 6-51　二维图片外部打开效果

第 3 篇

SketchUp 与
AIGC 技术综合应用

本篇基于 SketchUp 建模操作和 AIGC 工具 Stable Diffusion 的优势融合，在案例制作的多个阶段使用 AIGC 技术辅助实现更佳的表现效果。

第7章

# 综合案例——
# 居住空间：客餐厅效果制作

## 内容导读 📖

本章详细介绍居住空间客餐厅案例的制作。从客餐厅的结构建模到背景墙、吊顶、柜体的制作，再到 AIGC 辅助创意构思，本章提供了一套完整的工作流程和方法。通过这些，读者可以更高效地完成设计任务，创造出既符合客户需求又具有美学价值的居住空间。

## 学习目标 🎓

√ 掌握居住空间客餐厅的建模流程
√ 掌握居住空间客餐厅建模的方法技巧
√ 掌握 AIGC 辅助制作居住空间效果图的方法

## 7.1 户型外围结构的建模

居住空间客餐厅效果的制作是一项综合性的工作，通常是通过三维软件如 SketchUp、3ds Max 的建模来展现客餐厅区域的设计理念与实际效果。其主要工作阶段涉及初步概念设计、三维建模、材质贴图、灯光渲染、后期处理等。由于本书的重点在于呈现 SketchUp 与 AIGC 技术，所以本综合案例将着重讨论 SketchUp 的三维建模和 AIGC 的辅助技术。

### 7.1.1 户型 CAD 的整理

#### 1. 准备图纸

在空间外围结构建模之前，先准备好户型图纸。图纸在量房后可由 CAD 绘制，也可在获得量房尺寸后由许多带有 AI 功能的平台制作，如酷家乐，如图 7-1 所示。

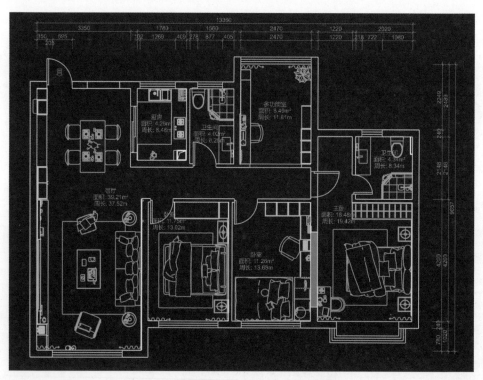

图 7-1　酷家乐 AI 生成的平面布置图

#### 2. 整理图纸

准备好图纸后，需要对 CAD 图纸进行整理。原始的成套 CAD 图纸通常不适合直接用于 SketchUp 的三维建模，此时需要对图纸进行调整，将 CAD 中用不到的线删除，如非设计区域、装饰完成面、各类标注、说明、装饰等，如图 7-2 所示。这样做一方面可以保持图纸整洁，另一方面可以降低过多非必要信息消耗系统资源。

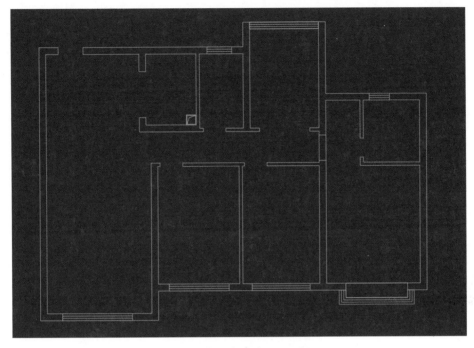

图 7-2　整理完毕的 CAD 图纸

### 3. 清理保存图纸

在 CAD 命令行中输入 PU 命令，执行"清理"功能，弹出如图 7-3 所示的对话框。单击"全部清理"按钮，对图中的多余信息进行处理。在弹出的"清理 – 确认清理"对话框中选择"清理此项目"选项，如图 7-4 所示。经过数次清理操作，使得对话框的"全部清理"按钮变为灰色，表示清理完毕。

图 7-3　"清理"对话框　　　　　　图 7-4　执行 CAD 清理

### 7.1.2　外围结构的建模

#### 1. 建模准备

在建模工作开展之前，应当检查 SketchUp 在导入时是否以 mm 为单位，这也是国内的标准单位。设置方法是在 SketchUp 的欢迎界面中选择"建筑-毫米"模板，如图 7-5 所示。

也可以执行"窗口"｜"模型信息"命令，在弹出的"模型信息"对话框中选择"单位"选项卡，调整参数如图 7-6 所示。

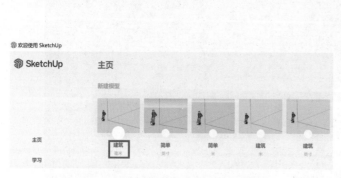

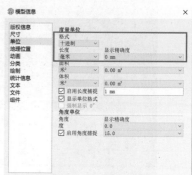

图 7-5　选择"建筑-毫米"绘图模板　　　　　　图 7-6　调整参数

#### 2. 导入 CAD

**步骤 01**　执行"文件"｜"导入"命令，将整理好的 CAD 文件导入 SketchUp，如图 7-7 所示。

**步骤 02**　在弹出的"导入"对话框中选择 CAD 文件。接着单击"选项"按钮，在打开的"导入 AutoCAD DWG/DXF 选项"对话框中将"单位"设置为"毫米"，其他参数设置如图 7-8 所示。单击"好"按钮，再单击"导入"按钮。

图 7-7　导入文件　　　　　　图 7-8　设置参数

**步骤 03**　复制底图并保存。将 CAD 文件导入 SketchUp 后，进行炸开和整理，检查有无多余线条，如有可进行删除操作，如图 7-9 所示。将调整完的图形全选，创建群组进行成组保护，如图 7-10 所示。选择"移动"工具，按住 Ctrl 键复制一份作为原始底图留存，如图 7-11 所示。将文件另存为工作文件，如图 7-12 所示。

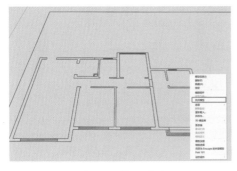

图 7-9　整理图形

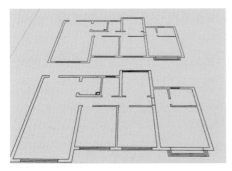

图 7-10　成组图形

图 7-11　复制图形

图 7-12　另存文件

### 3.创建墙体结构

**步骤 01** 对墙线进行封面操作。利用"直线"工具或"矩形"工具沿着导入后的 CAD 文件线条进行描绘，将所有的墙体部分进行封面，如图 7-13 所示。封面完成效果如图 7-14 所示。

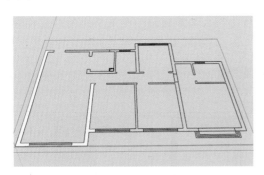

图 7-13　描线

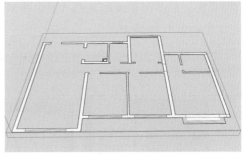

图 7-14　封面

**步骤 02** 绘制出客餐厅区域的墙体。使用"推/拉"工具对墙体面的模型进行推拉，输入推拉高度 2800mm，如图 7-15 所示。重复执行推拉操作，将客餐厅相关的墙体全部建立，可以空出门窗洞口和不影响客餐厅空间的区域，如图 7-16 所示。

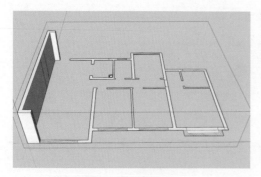

图 7-15　推拉墙体面

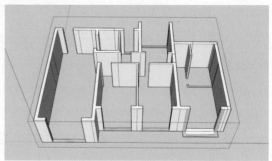

图 7-16　建立全新墙体

#### 4. 创建地面、顶棚结构

步骤 01 绘制结构平面。沿外墙体外侧绘制直线，并围绕一周形成闭合平面。绘制完毕后，双击平面，创建成组，如图 7-17 所示。

步骤 02 制作地面、顶棚厚度。双击进入所绘制的结构平面群组，并推拉出 100mm 作为顶棚结构层厚度，如图 7-18 所示。

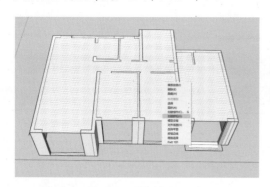

图 7-17　闭合平面

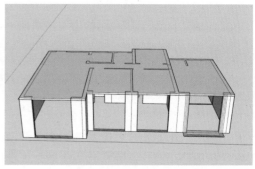

图 7-18　制作顶棚、地面厚度

步骤 03 复制并调整顶棚角点位置。使用"移动"工具复制顶棚角点至地面对应角点，完成效果如图 7-19 所示。

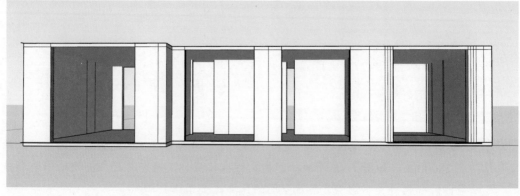

图 7-19　复制并调整顶棚角点位置

### 7.1.3　门、窗洞口的建模

#### 1. 创建窗间墙、门过梁部分

**步骤 01** 制作下部分窗间墙。使用"矩形"工具在窗间墙的底部绘制矩形，全选该矩形，右击，在弹出的快捷菜单中选择"创建群组"命令，如图 7-20 所示。推拉出厚度900mm，作为窗台高度，完成效果如图 7-21 所示。

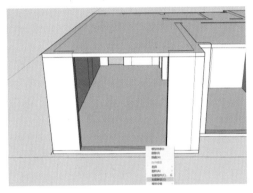

图 7-20　创建群组

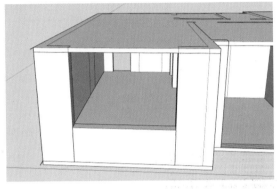

图 7-21　推拉窗台

**步骤 02** 制作窗过梁。使用"矩形"工具在过梁最上端位置绘制一个与墙同厚的矩形，如图 7-22 所示。

**步骤 03** 全选该矩形并右击，在弹出的快捷菜单中选择"创建群组"命令。向下推拉出300mm，完成效果如图 7-23 所示。

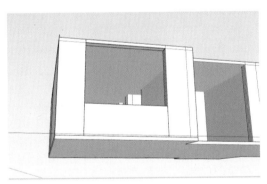

图 7-22　绘制矩形

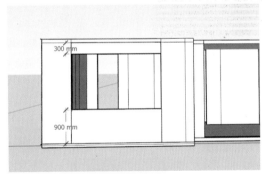

图 7-23　窗过梁效果

#### 2. 门洞口过梁的绘制

使用"矩形"工具在门与楼板的交界处绘制矩形。全选该矩形并右击，在弹出的快捷菜单中选择"创建群组"命令，如图 7-24 所示。推拉出厚度700mm，作为窗台高度，完成效果如图 7-25 所示。

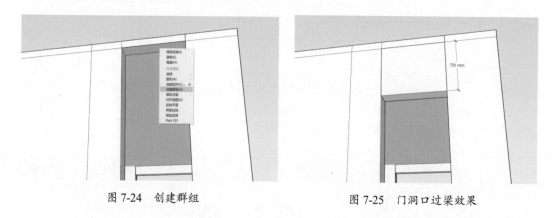

图 7-24  创建群组　　　　　　　　　　　　　　图 7-25  门洞口过梁效果

### 3. 完成所有门洞口的绘制

用同样的方法进行创建和绘制操作，直到所有门洞口结构绘制完毕。完成效果如图 7-26 所示。

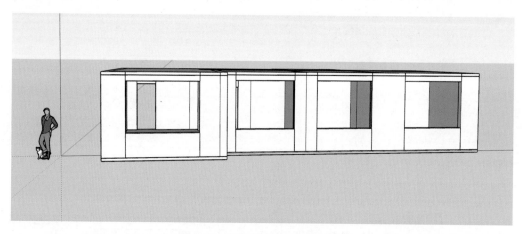

图 7-26  完成所有门洞口的绘制

## 7.1.4  窗户的制作

**步骤 01** 绘制窗户轮廓。使用"矩形"工具在窗洞口绘制一个与窗洞大小一致的矩形，并成组，如图 7-27 所示。为方便观察，可使用"移动"工具将矩形沿绿轴暂时移动 5000mm 的距离，如图 7-28 所示。

**步骤 02** 划分窗扇。双击进入轮廓组的内部，右击，在弹出的快捷菜单中选择"拆分"命令，将拆分数量设置为 3，如图 7-29 所示。连接竖向线条，划分出窗扇尺寸，如图 7-30 所示。

**步骤 03** 划分窗框与玻璃。保留一扇窗扇单元，用"橡皮擦"工具擦除多余窗扇，如图 7-31 所示。激活"偏移"工具，将单扇窗户向内侧偏移 40mm 的距离，如图 7-32 所示。调用选择工具，将内侧和外侧矩形分别成组，如图 7-33 和图 7-34 所示。

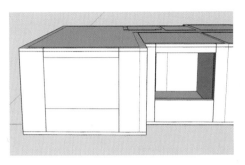

图 7-27　绘制窗轮廓

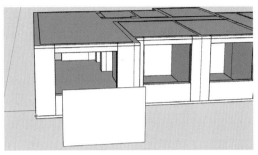

图 7-28　平移图形

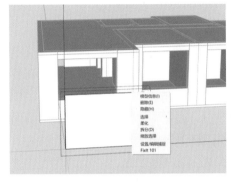

图 7-29　拆分窗扇边

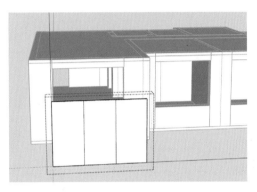

图 7-30　绘制直线连接

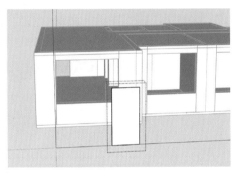

图 7-31　擦除多余窗扇

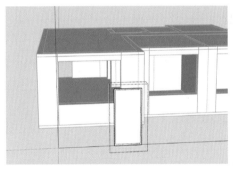

图 7-32　偏移窗户

图 7-33　内部图形成组

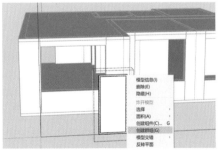

图 7-34　外部图形成组

**步骤 04** 制作窗框厚度。双击进入窗框组的内部，使用"推 / 拉"工具推出 40mm 厚度，如图 7-35 所示。再将玻璃群组移动到窗框中间的位置，如图 7-36 所示。

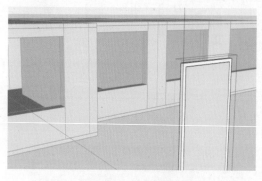

图 7-35　制作窗框厚度　　　　　　　　图 7-36　移动玻璃位置

**步骤 05** 赋予材质。激活"颜料桶"工具，在右侧"材质"面板中选择"指定色彩"选项，如图 7-37 所示。选择深灰色，赋予窗框，如图 7-38 所示。

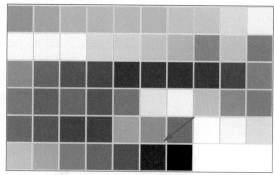

图 7-37　选择"指定色彩"选项　　　　　　　　图 7-38　赋予颜色

**步骤 06** 再从右侧"材质"面板中选择"玻璃和镜子"材质，将"半透明的玻璃蓝"赋予玻璃，如图 7-39 ～图 7-41 所示。

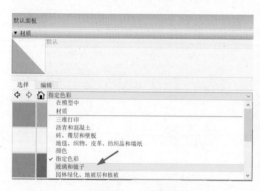
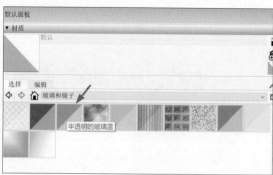

图 7-39　选择材质　　　　　　　　图 7-40　赋予材质

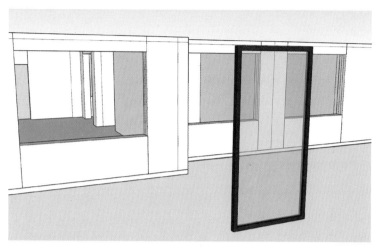

图 7-41 整体效果

**07** 制作空间所有窗户。将绘制好的单个窗扇向左复制 3 份，并成组，如图 7-42 所示。将成组的 3 扇窗扇向绿色轴负方向移动 5000mm，可使其归位，回到原来的坐标，如图 7-43 所示。

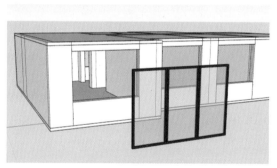

图 7-42 复制窗扇

图 7-43 回归窗扇位置

**08** 调整窗户位置居于墙中，如图 7-44 所示。将户型中的其余窗户按照类似的方法绘制完毕，效果如图 7-45 所示。

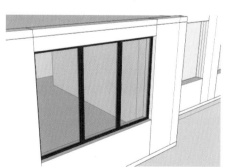

图 7-44 调整窗户位置

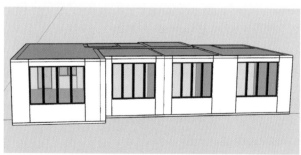

图 7-45 完成窗户绘制

【温馨提示】

　　制作的过程中可以分类标记，以方便观察和管理。标记的分类方法请参见之前章节的介绍。这里给出项目完成时标记的分类方法，供读者参考，如图 7-46 和图 7-47 所示。

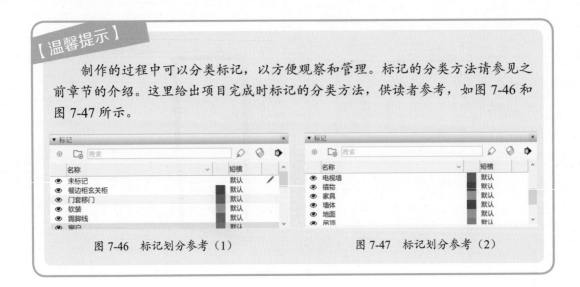

图 7-46　标记划分参考（1）　　　　　　图 7-47　标记划分参考（2）

## 7.2　客餐厅空间装饰线条的制作

　　客餐厅的装饰线条包括空间中的踢脚线、门套线等，这些构件在 SketchUp 中的建模方法非常相似。

### 7.2.1　踢脚线的制作

　　踢脚线是地面与墙体相交位置的装饰构件。踢脚线不仅有视觉上的装饰作用，还可以更好地保护墙体，减少变形和避免外力碰撞造成破坏。此外，安装踢脚线后也比较容易清洁，一般装修中踢脚线出墙厚度为 5 ~ 10mm。在 SketchUp 中，可以通过"路径跟随"工具来绘制踢脚线。

　　步骤01　绘制踢脚线截面形状。绘制一个 10mm×80mm 的矩形作为截面尺寸，然后进行分割和造型，就可以得到一个简单的踢脚线截面。如果需要其他外型，可以在素材网站上搜索或调用成品的脚线造型，如图 7-48 所示。

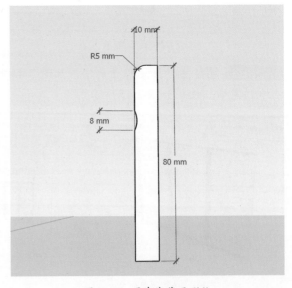

图 7-48　踢脚线截面形状

**02** 使用"路径跟随"工具 制作踢脚线体积。绘制踢脚线沿墙角的路径，如图 7-49 所示。选取直线路径，激活"路径跟随"工具，单击上一步所绘制的截面，即可生成踢脚线模型，如图 7-50 所示。

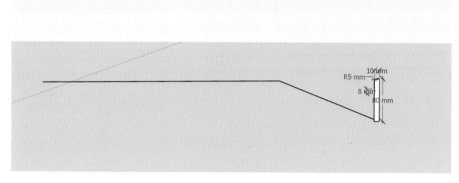

图 7-49 绘制踢脚线路径

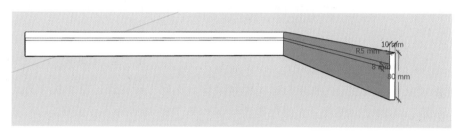

图 7-50 转角踢脚线效果

**03** 用同样的方法将空间内的踢脚线全部完成。

### 7.2.2 门套线的制作

门套线是包裹墙体的柔和性装饰线条，主要材质有塑钢、高分子材料、原木、镁铝合金、石材、新型复合材料等。

在进行效果图制作时，可以先简单绘制门套线作为定位，后面再根据自带模型库或公共素材库添加成品门套线条，方法类似于踢脚线，这里不再赘述。

## 7.3 客餐厅空间柜体、吊顶的制作

柜体是居住空间中常见的需要建模的物体，使用 SketchUp 中的命令可完成模型的创建。

### 7.3.1 客餐厅柜体制作

由于电视背景墙及柜体在第 5 章电视背景墙的绘制中已制作完毕，下面介绍餐厅柜体的制作方法。

**步骤 01** 确定柜体外尺寸。激活"矩形"工具，绘制一个 2700mm×2500mm 的矩形，并右击将其创建群组，如图 7-51 和图 7-52 所示。

图 7-51　绘制柜体轮廓线　　　　　　图 7-52　创建群组

**步骤 02** 划分柜体尺寸。双击矩形进入群组编辑，选取上方直线，将其拆分为 6 段，如图 7-53 和图 7-54 所示。使用"直线"工具绘制如图 7-55 所示的 5 根直线。

**步骤 03** 选中矩形下方直线，激活"移动"工具，按住键盘上的 Ctrl 键，将直线向上移动复制 80mm 做出踢脚区域，如图 7-56 所示。同样，将矩形上方直线向下移动复制 30mm，做出封板域，如图 7-57 所示。使用"擦除"工具，将最上面一排多余的线段擦除，如图 7-58 所示。

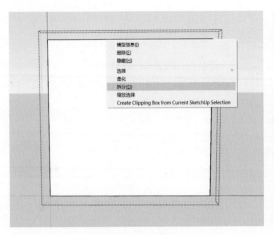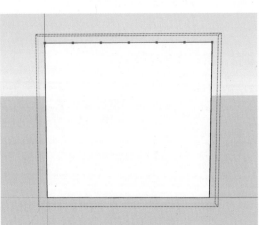

图 7-53　选择"拆分"命令　　　　　　图 7-54　拆分为 6 段

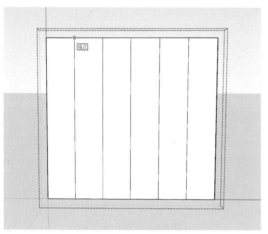

图 7-55 绘制分割线

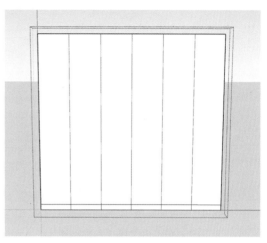

图 7-56 确定柜体踢脚

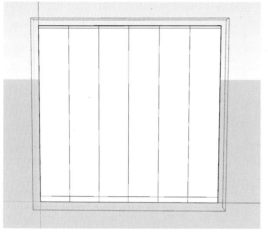

图 7-57 确定顶封板

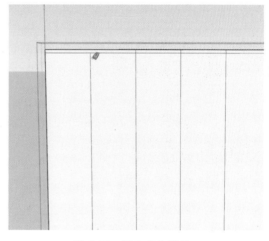

图 7-58 擦除多余线段

**步骤 04** 确定台面高度。激活"卷尺"工具 🖋，从柜体下方向上测量 850mm 的间距，并激活"直线"工具，依参考线绘制直线段，如图 7-59 和图 7-60 所示。使用"橡皮擦"工具将多余的两条线段擦除，如图 7-61 所示。

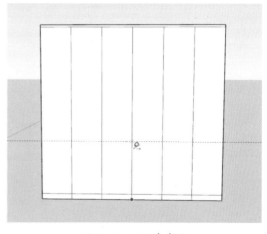

图 7-59 绘制参考线

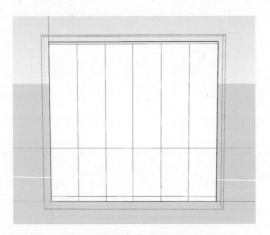

图 7-60　依据参考线绘制直线段

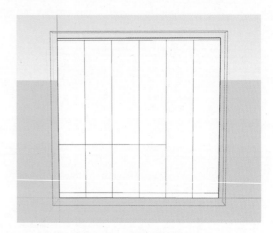

图 7-61　擦除多余线段

**05** 调整划分尺寸。选择换鞋凳对应的纵向直线（见图 7-62），激活"移动"工具，将其向右移动 50mm，如图 7-63 所示，使得右边第二个开放格尺寸加宽。

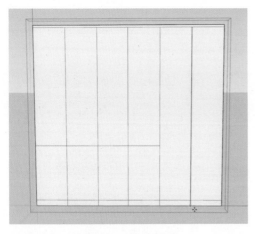

图 7-62　选择线段

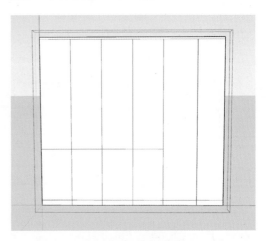

图 7-63　调整线段

**06** 划分开放格。激活"卷尺"工具，以步骤 04 绘制的直线为起始点，依次向上拉出 550mm 和 350mm 的两条参考线，如图 7-64 和图 7-65 所示。使用"直线"工具绘制两条直线，并用"橡皮擦"工具将多余的线段擦除，如图 7-66 所示。

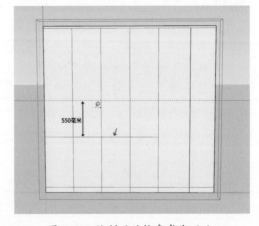

图 7-64　绘制开放格参考线（1）

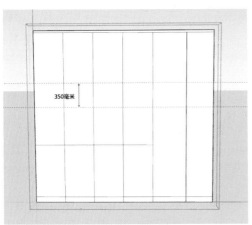

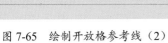

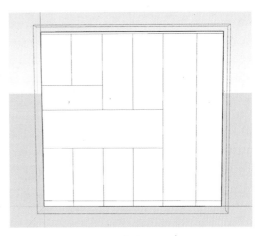

图 7-65 绘制开放格参考线（2）　　　　　　图 7-66 依据参考线绘制直线段

**步骤** **07** 确定换鞋凳高度。使用"卷尺"工具 ，从最下方直线向上测量出430mm的间距，并用"直线"工具绘制直线，如图 7-67 和图 7-68 所示。同样，继续测量出550mm的距离，用直线绘制柜体，使得右上角柜体是一个正方形，如图 7-69 和图 7-70 所示。

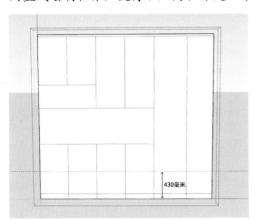

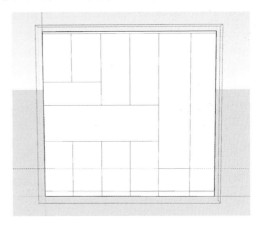

图 7-67 绘制换鞋凳参考线　　　　　　　图 7-68 依据参考线绘制直线段

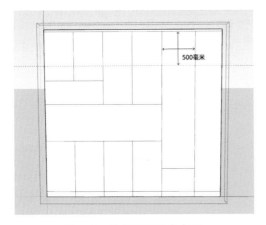

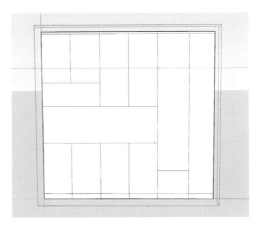

图 7-69 绘制开放格参考线　　　　　　　图 7-70 依据参考线绘制直线段

步骤 08 制作柜门厚度。使用"偏移"工具，将左上方柜门板矩形向内偏移18mm做出板厚。双击重复此操作，使得板厚都设为18mm，如图7-71和图7-72所示。使用"橡皮擦"工具将柜体下方多余的线段擦除，如图7-73所示。将柜体最下方长矩形赋予木质纹材质，激活"推/拉"工具，将赋予材质的矩形向外推拉350mm的距离，如图7-74和图7-75所示。

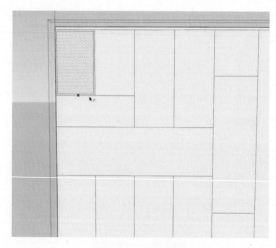

图 7-71　确定板厚

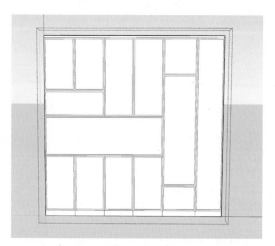

图 7-72　确定所有柜体板厚

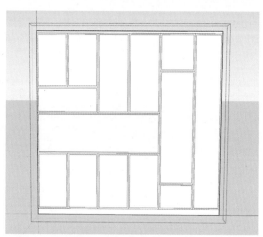

图 7-73　擦除多余线段

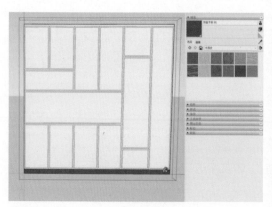

图 7-74　赋予材质

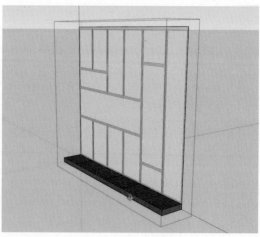

图 7-75　推拉出厚度

步骤 09 整理线条。使用"直线"工具在柜体左边绘制直线将其连接，并删除多余线段，如图 7-76 和图 7-77 所示。同样，绘制上方直线并删除多余线段，如图 7-78 和图 7-79 所示。最后将柜体边框赋予木制材质，如图 7-80 所示。

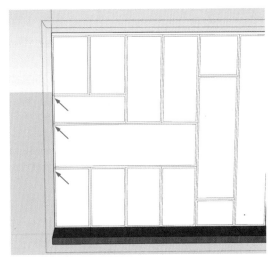

图 7-76　擦除左侧多余线段

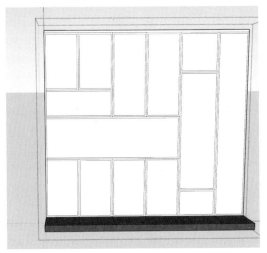

图 7-77　擦除完成

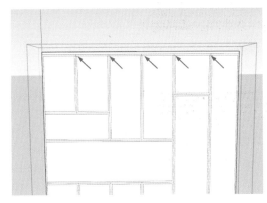

图 7-78　擦除上方多余线段

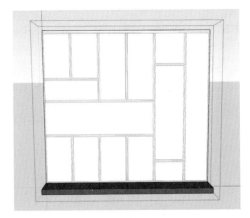

图 7-79　擦除完成

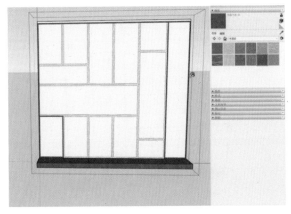

图 7-80　赋予材质

**步骤10** 局部调整，细化尺寸。将柜板厚度全部调整为18mm，选取柜体对应的纵向线段，用"移动"工具将线段向左移动9mm。重复操作，将柜体对应纵向线段右移9mm，分别如图7-81和图7-82所示。

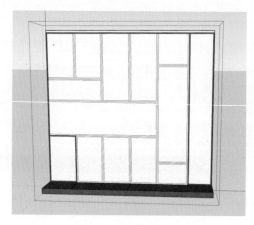

图 7-81 左移 9mm

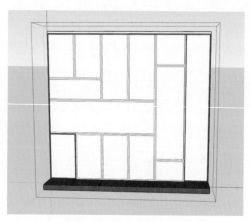

图 7-82 右移 9mm

**步骤11** 类似之前的操作，移动所有柜体内边线，使得板材厚度均为18mm，如图7-83所示。

**步骤12** 制作层板厚度。为柜体层板赋予木制材质，使用"推/拉"工具将柜板向外推拉350mm，使柜体变得立体，如图7-84和图7-85所示。

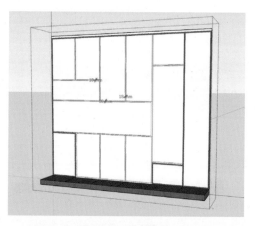

图 7-83 调整完成

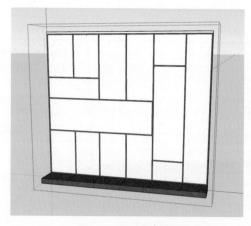

图 7-84 赋予层板材质

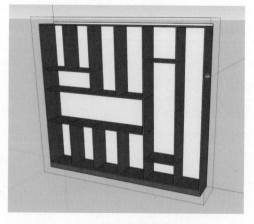

图 7-85 推拉厚度

13 使用"推 / 拉"工具，将所有柜体内白色面板向外拉伸 18mm 的厚度，如图 7-86 所示。框选整个柜体，为柜体整体赋予木制材质，如图 7-87 所示。

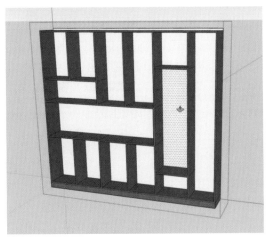

图 7-86 推拉厚度

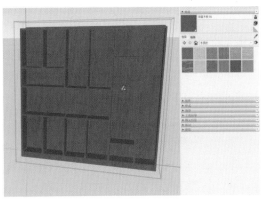

图 7-87 赋予材质

14 制作柜体上方柜门板。使用"矩形"工具绘制出柜门板，并将其创建群组，如图 7-88 和图 7-89 所示。

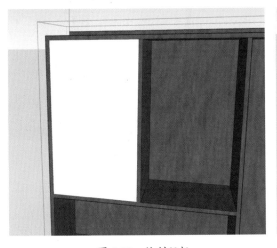

图 7-88 绘制门板

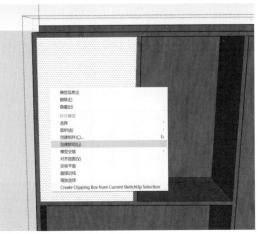

图 7-89 创建群组

15 双击柜门板进入群组编辑，使用"偏移"工具将柜门板向内偏移 5mm，并将其创建群组，如图 7-90 和图 7-91 所示。为柜门板外围区域赋予木制材质，并使用"推 / 拉"工具将其向内推拉 18mm 的距离，做出柜门板缝隙，如图 7-92 和图 7-93 所示。

16 用同样的方法，完成柜体下方柜门板制作，如图 7-94 ～图 7-97 所示。

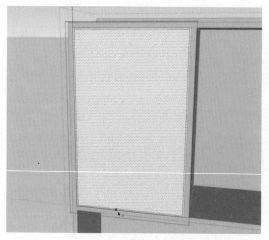

图 7-90　绘制门缝

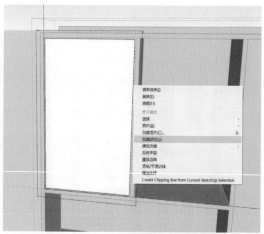

图 7-91　创建群组

图 7-92　赋予材质

图 7-93　制作缝隙深度

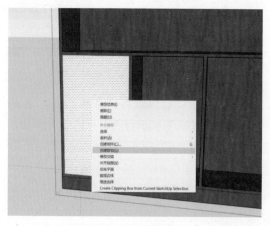

图 7-94　创建群组

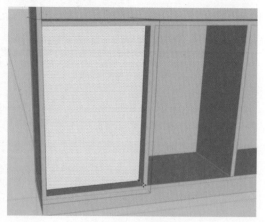

图 7-95　推拉厚度

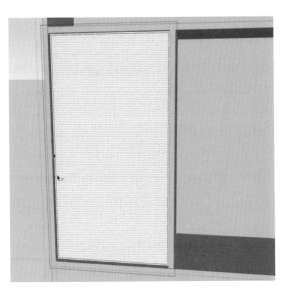

图 7-96 绘制门缝

图 7-97 柜门板制作完成

**步骤 17** 制作柜门板把手。激活"卷尺"工具，测量出 35mm 的距离做把手，如图 7-98 所示。激活"直线"工具，绘制如图 7-99 所示的分割线。

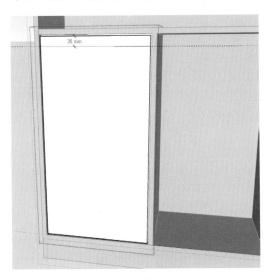

图 7-98 尺寸划分

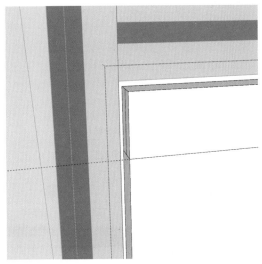

图 7-99 绘制分割线

**步骤 18** 将外侧的线段拆分为 6 段，如图 7-100 和图 7-101 所示。使用"直线"工具为第一拆分点和第四拆分点绘制横向线段，并推拉出厚度，如图 7-102 和图 7-103 所示。再使用"推/拉"工具将中间部分向内推拉 8mm 的距离，形成凹槽部分，并为门把手赋予合适的材质，如图 7-104 和图 7-105 所示。

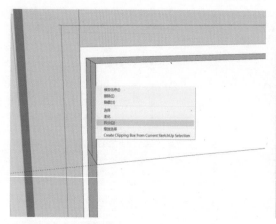

图 7-100　选择"拆分"命令

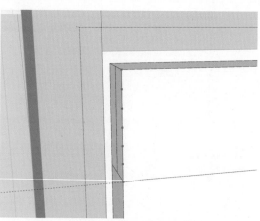

图 7-101　拆分为 6 段

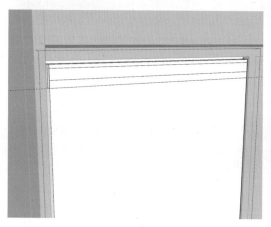

图 7-102　绘制直线段

图 7-103　推拉出厚度

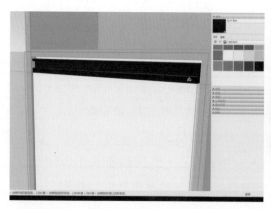

图 7-104　赋予材质

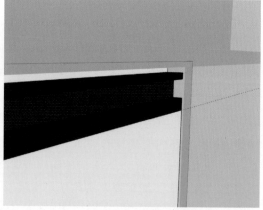

图 7-105　柜门板把手制作完成

**步骤 19** 单击柜门板群组，将其移动复制到另外三个柜体中，如图 7-106 和图 7-107 所示。

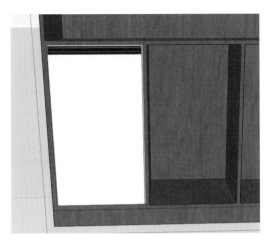

图 7-106　选择群组

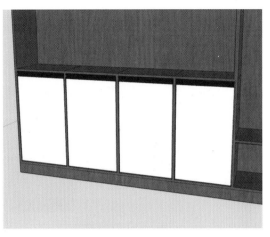

图 7-107　复制群组

步骤 20 制作换鞋凳。使用"直线"工具将换鞋凳与柜体下方直线连接，如图 7-108 所示。再使用"推 / 拉"工具向内推拉，使得底部与内板面齐平，图 7-109 和图 7-110 所示。使用"橡皮擦"工具将多余的线条删除，如图 7-111 和图 7-112 所示。

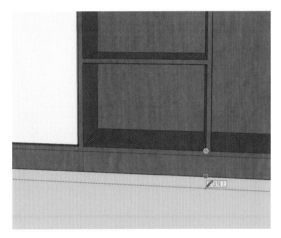

图 7-108　线段分割

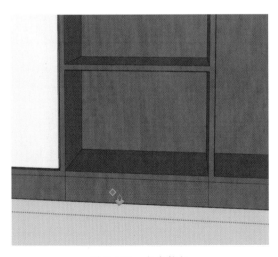

图 7-109　向内推拉

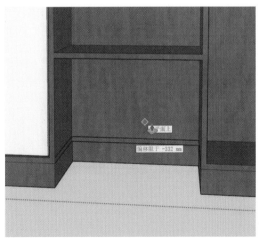

图 7-110　重复向内推拉

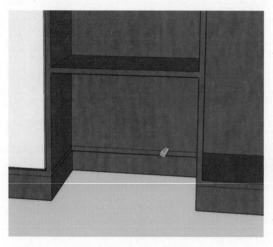

图 7-111　擦除多余线段

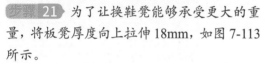

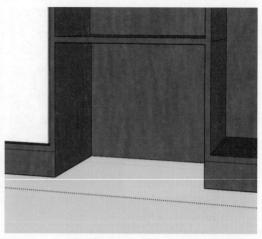

图 7-112　擦除完成

步骤 21 为了让换鞋凳能够承受更大的重量，将板凳厚度向上拉伸 18mm，如图 7-113 所示。

步骤 22 重复步骤 14 的柜门板绘制方法，绘制吊柜门板，如图 7-114 所示。将剩余柜门板制作完成，最终效果如图 7-115 所示。

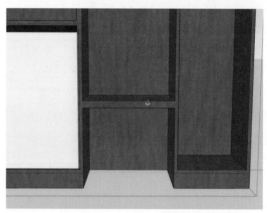

图 7-113　增加板厚

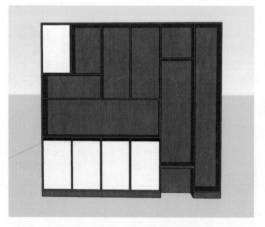

图 7-114　制作吊柜门板

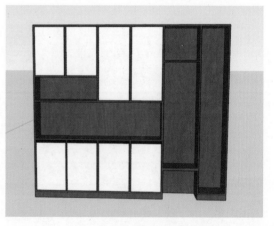

图 7-115　餐边柜绘制完成

## 7.3.2 客餐厅吊顶的制作

为了方便吊顶的定位，更加直观地观察效果，可在吊顶制作前导入第 5 章制作的电视背景墙、电视柜，再开始吊顶的建模。

**01** 调整视图。首先来到客厅顶视图，执行菜单栏中的"相机"|"平行投影"命令，如图 7-116 所示。

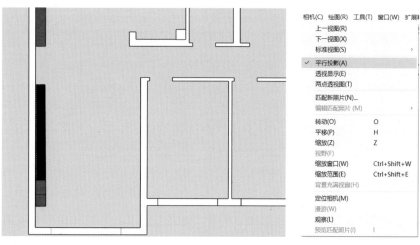

图 7-116 进入平行投影视图

**02** 对客厅顶进行封面操作。激活"样式"工具栏中的"X 射线"模式，利用"矩形"工具在需要吊顶的区域从内墙线开始绘制吊顶平面，并将其创建群组，如图 7-117 所示。

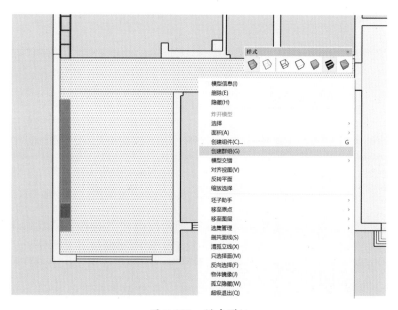

图 7-117 创建群组

步骤 03 定位尺寸线。激活"卷尺"工具 ，从左侧内墙边线向右测量出 360mm 的柜
体间距，从下方内墙边线向上测量出 100mm 的窗帘盒间距，从右侧向左测量出 20mm 的
板间距，从上方向下测量出过道的间距，如图 7-118 所示。关闭"X 射线"模式，选择"矩
形"工具，从参考线交点处绘制出矩形平面，如图 7-119 所示。

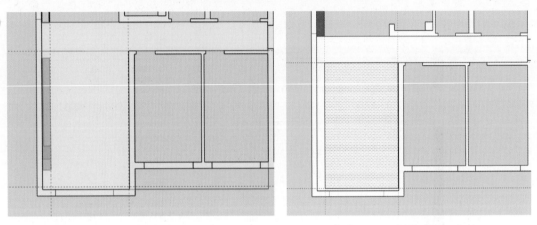

图 7-118　定位尺寸　　　　　　　　　　　　图 7-119　绘制矩形平面

步骤 04 绘制"双眼皮"吊顶的结构。选择"卷尺"工具，为独立矩形四边向内各推拉
出 20mm 的参考线，如图 7-120 所示。再激活"矩形"工具，从参考线交点处绘制矩形，
做出石膏板的厚度，如图 7-121 所示。

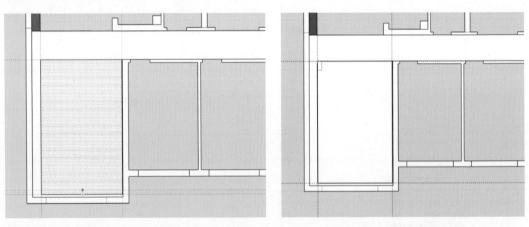

图 7-120　定位尺寸　　　　　　　　　　　　图 7-121　绘制石膏板厚度

步骤 05 调整模型角度。为更好地绘制细节部分，打开"相机"|"透视显示"模式，
将群组水平向外移动 10000mm，如图 7-122 所示。删除辅助线并反转平面，让吊顶部分
的模型在空间中正面显示，如图 7-123 所示。

步骤 06 制作下吊高度。激活"推 / 拉"工具，将外侧石膏板部分向下推拉出 300mm
的距离，如图 7-124 所示。将内侧石膏板部分推拉出 260mm 的距离，如图 7-125 所示。

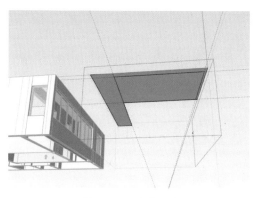

图 7-122 外移顶面

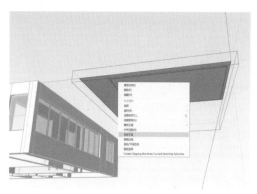

图 7-123 反转平面

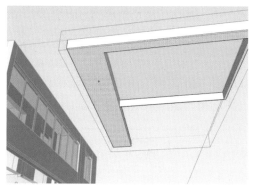

图 7-124 推拉 300mm 的距离

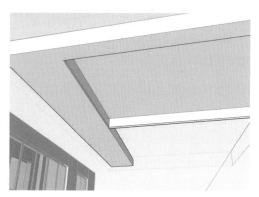

图 7-125 推拉 260mm 的距离

步骤 07 绘制石膏板的层次。利用"卷尺"工具进行参考线的设置，从四边向内各测量出 180mm 的间距，如图 7-126 所示。再利用"矩形"工具从参考线交点处绘制矩形，如图 7-127 所示。

图 7-126 绘制参考线

图 7-127 绘制分割线

步骤 08 绘制中间的石膏板。选择"推/拉"工具，将中间外圈石膏板向下推拉出 20mm 的空间距离，如图 7-128 所示，然后将中间内圈石膏板向下推拉出 240mm 的空间距离，形成层次，如图 7-129 所示。

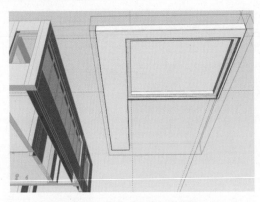

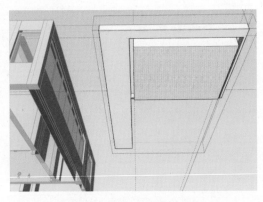

图 7-128　推拉外石膏板厚度　　　　　　图 7-129　推拉内石膏板厚度

**步骤 09** 绘制灯槽部分。选中侧面，选择"推/拉"工具，按住键盘上的 Ctrl 键向侧面进行推拉，距离为 50mm，如图 7-130 所示。用相同的方法将各边槽口推拉出 50mm 的距离，如图 7-131 所示。

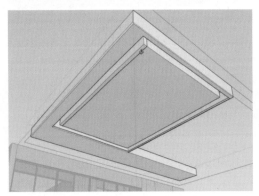

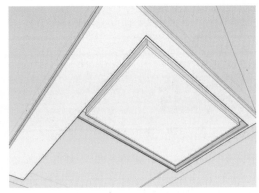

图 7-130　制作一侧灯槽板宽　　　　　　图 7-131　制作所有灯槽板宽

**步骤 10** 选择"推拉"工具，按住键盘上的 Ctrl 键推拉出 20mm 的距离作为灯槽板厚度，如图 7-132 所示。再利用"推/拉"工具推掉不需要的面，如图 7-133 所示。重复此操作，将余下的 3 个灯槽板绘制完成。

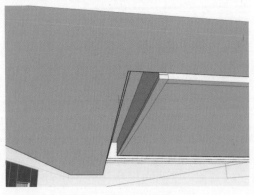

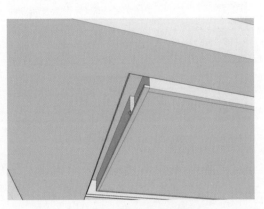

图 7-132　制作槽板厚度　　　　　　　　图 7-133　去除多余结构

步骤 11 选择"移动"工具，按键盘上的 Ctrl 键选择槽口边线，向内侧制作宽为 10mm 的槽口挡板，如图 7-134 所示。再使用"推/拉"工具向上推拉出 20mm 的高度，绘制挡板高度，如图 7-135 所示。重复此操作，将余下的 3 个槽口绘制完成。

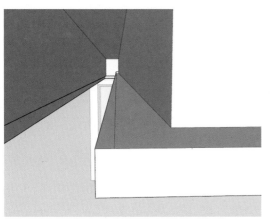

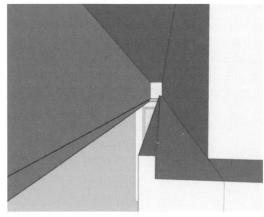

图 7-134　确定挡板位置　　　　　　　　　图 7-135　制作挡板高度

步骤 12 绘制磁吸轨道灯的部分。选择"卷尺"工具，从两侧长边线各向内测量出 600mm 的参考线，如图 7-136 所示。从两侧短边线各测量出 400mm 的参考线，并使用"直线"工具绘制分割线，如图 7-137 所示。

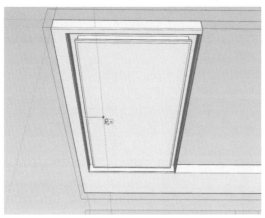

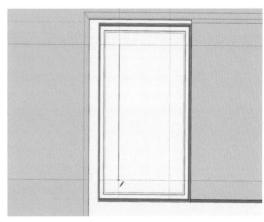

图 7-136　定位磁吸灯位　　　　　　　　　图 7-137　绘制分割线

步骤 13 使用"移动"工具将直线向两侧各移动 15mm，如图 7-138 所示。使用"直线"工具绘制出矩形，如图 7-139 所示。

步骤 14 将中线和辅助线擦除，使用"推/拉"工具将绘制的矩形向内推进 20mm，如图 7-140 所示。为保证操作的便捷性，可将它创建为一个组或组件，如图 7-141 所示。

步骤 15 双击进入组内部，使用"偏移"工具偏移出 2mm 的厚度并推拉至与吊顶底面平齐，如图 7-142 所示。将其合理地拆分为 5 段，如图 7-143 所示。

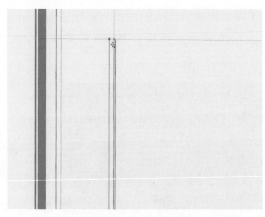

图 7-138　定位灯槽宽度

图 7-139　绘制分割线

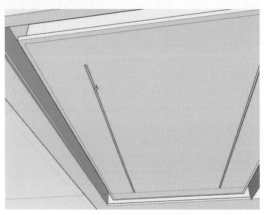

图 7-140　推拉出厚度

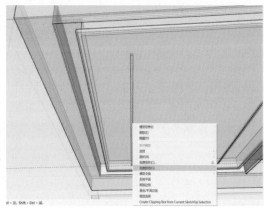

图 7-141　创建群组

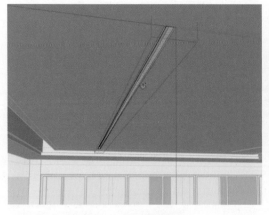

图 7-142　制作结构厚度

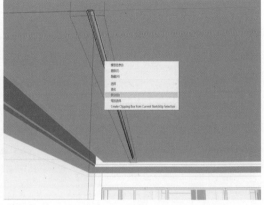

图 7-143　拆分线段

**步骤 16** 在第一个拆分点绘制矩形，使用"偏移"工具将其向内偏移 1mm 的间距，作为照明模块，如图 7-144 所示。双击中间照明模块，创建群组并向下推拉与吊顶底面平齐，如图 7-145 所示。

图 7-144　划分照明模块

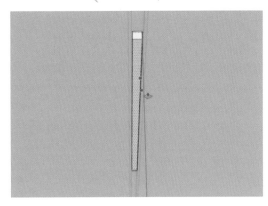

图 7-145　推拉出厚度

**步骤 17** 选择"材质"工具，赋予照明模块浅黄色材质，赋予轨道金属黑材质，如图 7-146 所示。选择"移动"工具，按住 Ctrl 键移动并复制轨道灯群组到右侧点位上，如图 7-147 所示。

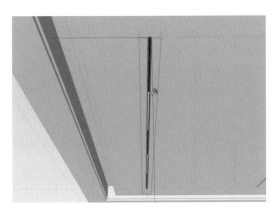

图 7-146　赋予材质

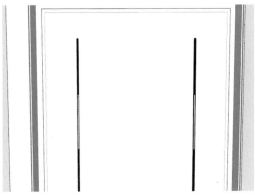

图 7-147　复制群组

**步骤 18** 绘制筒灯。使用"卷尺"工具做出辅助线，确定吊顶的中线，如图 7-148 所示。在纵横两条中线的交点即中心位置绘制一个半径为 35mm 的圆形，如图 7-149 所示。

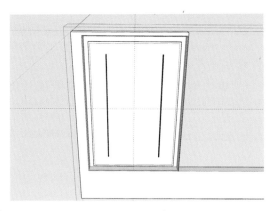

图 7-148　定位中心

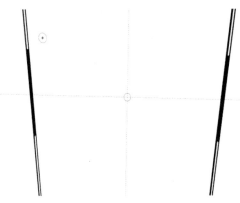

图 7-149　绘制筒灯轮廓

**19** 使用"偏移"工具将圆形向内偏移 10mm, 并向下拉出 2mm, 做出灯具的厚度, 如图 7-150 所示。选择"材质"工具, 赋予照明模块浅黄色材质, 如图 7-151 所示。

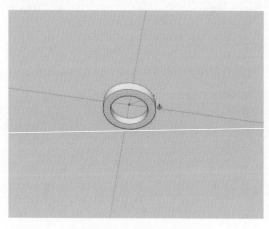

图 7-150　推拉出厚度

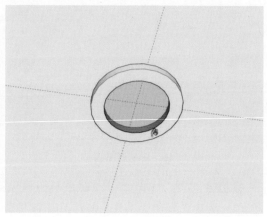

图 7-151　赋予材质

**20** 将筒灯部分全选, 并创建成组件, 如图 7-152 所示。复制筒灯组件, 沿中线等距排布, 如图 7-153 所示。

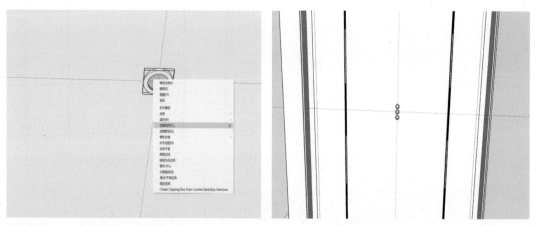

图 7-152　创建组件　　　　　　　　　　　　图 7-153　移动复制

**21** 将吊顶模型水平回拉 10000mm 至室内的客厅上方, 如图 7-154 所示。进入客厅空间视角, 最终效果如图 7-155 所示。用同样的方法完成餐厅吊顶的制作。

在客餐厅主要界面都制作完毕后, 可以整合所做的模型, 再导入符合空间氛围的软装配饰, 形成最终的 SketchUp 建模, 如图 7-156 所示。当然, SketchUp 配有丰富的插件如 V-Ray、Enscape, 借助于渲染插件可以进行更高级的渲染效果。图 7-157 所示为使用 Enscape 进行渲染的效果。

图 7-154　移动回原模型场景

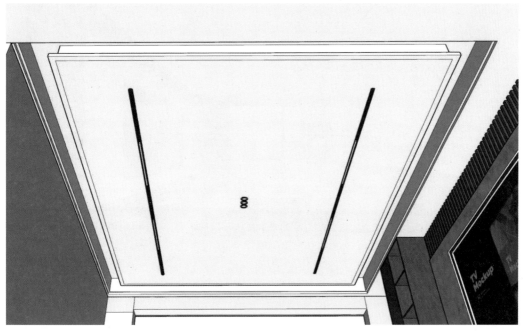

图 7-155　吊顶建模完成效果

图 7-156　SketchUp 建模完成效果

图 7-157　SketchUp+Enscape 渲染效果

## 7.4 AIGC 辅助创意

传统的 SketchUp 客餐厅效果图制作步骤主要涉及测量与空间规划、建筑结构建模、家具与装饰元素的选择与配置、材质与色彩搭配、照明灯光制作、细节与真实感强化、视角与构图优化、后期处理等工作流程，AIGC 辅助居住空间创意也是如此，目标是不断提升整个工作流程的效率和效果。

## 7.4.1 AIGC 辅助客餐厅效果制作的工作流程

当 Stable Diffusion 参与效果图制作后，可以将传统建模与新兴 AI 技术的优势结合起来，创造出更高效且更富有创意的作品。当然，工作中的情况是复杂的，要求也不尽相同，在这里为大家介绍一种比较可行的 SketchUp 和 StableDiffusion 协同效果图制作工作流程，具体如下。

（1）设计构思与空间规划

确定居住空间客餐厅的整体设计风格、色彩方案和空间布局。收集灵感和参考图，可充分利用 Stable Diffusion 生成初步的设计概念图，通过输入关键词和风格描述获得创意启发。

（2）SketchUp 基础建模

在 SketchUp 中根据设计构思和空间规划，创建精确的三维空间结构框架，包括墙体、门窗洞口；再利用 SketchUp 的建模工具，根据 Stable Diffusion 生成的概念图，细化家具柜体模型、基本家具、软装配饰等。

（3）材质与细节优化

在 SketchUp 中根据设计风格调整和应用材质。可以先在 Stable Diffusion 中尝试不同的材质组合，获得灵感后在 SketchUp 中进一步实现。接着强化细节，如纹理、饰面和附属物。

（4）光照与场景设置

Stable Diffusion 生成的光照场景，可作为 SketchUp 照明设计的参考。

（5）AI 辅助细节调整

如有必要，可以再次借助 Stable Diffusion 对某些难以手工建模的复杂细节或装饰进行优化，如特殊的纹理或背景元素，之后再融入 SketchUp 模型中。

（6）渲染与后期处理

直接利用 Stable Diffusion 渲染效果、在 SketchUp 中或使用外部渲染引擎完成渲染，得到初步效果图，再进入 Stable Diffusion 完成加工、融合。利用 Photoshop 等后期软件进行画面色彩调整和进一步细节处理，以提升最终图像质量。

（7）反馈与迭代

与客户保持密切沟通，根据反馈进行调整。可以利用 Stable Diffusion 快速生成修改建议的视觉示例，以加快迭代速度。根据反馈意见及时调整设计方案，直至客户满意。

【 温馨提示 】

上文各主要步骤中，既可以 SketchUp 为主导，也可以 Stable Diffusion 为主导。若以 Stable Diffusion 为主导，可充分发挥 Stable Diffusion 的可控性优势来创造作品。

### 7.4.2 AIGC 生成创意参考

通过上节我们了解到，在效果图工作的不同阶段，AIGC 都可以发挥设计思维辅助的作用。巧借 Stable Diffusion 可以生成创意参考，不仅能够提供直观的视觉参考，还能激发设计师未曾想到的设计思路，极大地丰富和加速了创意构思的过程。以下是利用 Stable Diffusion 在本项目中实现创意构思的实操演示。

1. 初期发散思维的参考

步骤 01 准备工作。启动 Stable Diffusion，等待程序响应，如图 7-158 和图 7-159 所示。

图 7-158 启动界面 　　　　　　　图 7-159 启动准备中

步骤 02 选择 Stable Diffusion 大模型。在左上方 "Stable Diffusion 模型（ckpt）" 处选择 realisticVisionV60_v6.0 大模型。"模型的 VAE （SD VAE）" 选择 vae-ft-mse-840000-ema-pruned，如图 7-160 所示。

图 7-160 选择大模型

步骤 03 输入正向提示词。在正向提示词输入区域输入 "Living room space,Sofa,Coffee table,Television,Window,Masterpiece"，所对应的中文翻译为 "客厅空间，沙发，咖啡桌，电视，窗户，杰作"，如图 7-161 所示。

图 7-161　输入正向提示词

**步骤 04** 输入反向提示词。在反向提示词输入区域输入"lowres,text,error,cropped,worst quality,low quality,normal quality,jpeg artifacts,signature,watermark,username,blurry"，所对应的中文翻译为"低分辨率，文本，错误，裁剪，最差质量，低质量，正常质量，jpeg 伪影，签名，水印，用户名，模糊"，如图 7-162 所示。

图 7-162　输入反向提示词

**步骤 05** 设置生成参数。设置"采样方法（Sampler）"为 Euler a，"采样迭代步数（Steps）"为 30，"宽度"为 800，"高度"为 450，"生成批次"为 9，"提示词相关性（CFG Scale）"为 7，"随机种子（seed）"为 -1，参数界面如图 7-163 所示。

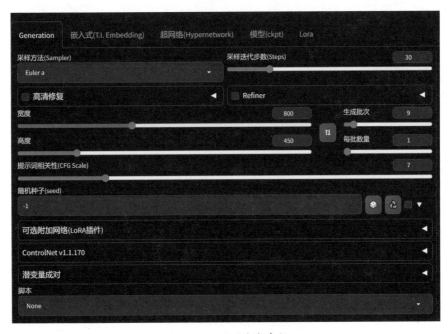

图 7-163　设置生成参数

**步骤 06** 执行生成操作。单击"生成"按钮执行生成，整个计算过程需要几十秒钟的时间，用户可根据进度显示查看所剩时间，计算过程如图 7-164 所示。生成的结果和参数如图 7-165 所示，它可为设计提供参考。

图 7-164  生成过程　　　　　　　　　　　图 7-165  生成结果

**步骤 07** 查看生成结果。单击图像生成结果的预览图，图像会放大显示，它可为空间布局、色彩搭配、柜体装饰、艺术效果等提供有价值的参考。生成结果如图 7-166 所示。

图 7-166  查看生成结果

【温馨提示】

　　在实际项目中，可以在 Stable Diffusion 中输入与项目相关的关键词，如"现代简约客餐厅""新中式风格""地中海风格"等风格倾向提示词和"自然光充足""色彩鲜艳""灰色调"等环境表述提示词，获取多样化的视觉灵感。尝试不同组合，可探索不同风格和氛围的可能性。

由于 AI 的随机性，初次生成的图像可能不完全符合预期，可以通过多次调整输入描述，或结合多个生成图像的元素，手动进行创意混合；还可以将 Stable Diffusion 生成的创意与 SketchUp 等软件中的实际模型相结合，不断调整，并利用 Stable Diffusion 反馈进一步细化设计。

### 2. 通过已建立的 SketchUp 空间模型生成效果

根据前面所述的方法，可以使用 Stable Diffusion 快速生成参考图。在 SketchUp 建模的各阶段，可借助 Stable Diffusion 实现制图效果参考，具体操作步骤如下。

**步骤 01** 隐藏遮挡的顶面。打开制作好的模型空间，利用标记开关隐藏顶面部分，前后效果如图 7-167 和图 7-168 所示。

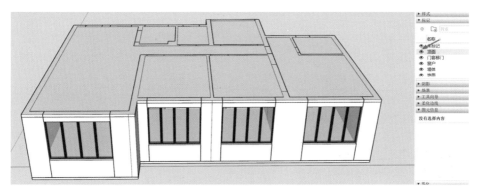

图 7-167 关闭"顶面"标记前

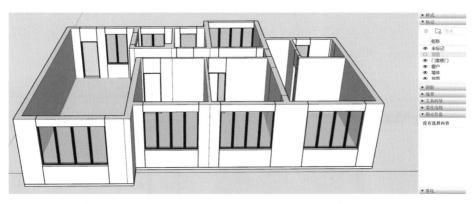

图 7-168 关闭"顶面"标记后

**步骤 02** 隐藏遮挡的立面。以制作客厅效果为例，需要将有碍于观察的墙体利用"剖切面"工具⊕进行隐藏。调用左侧工具栏中的"剖切面"工具，在进户门附近进行单击，如图 7-169 所示。

图 7-169　设置剖切面

**步骤 03** 选择剖切符号，调用"移动"工具对剖切符号进行移动，即可看见剖切符号位移后产生的剖切效果，如图 7-170 和图 7-171 所示。

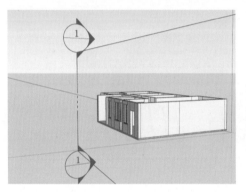
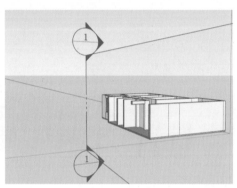

图 7-170　调整剖切面　　　　　　　　　图 7-171　确定剖切面

**步骤 04** 在 SketchUp 中选择空间模型的角度。使用"相机"工具栏中的"定位相机"工具 🧍 在客厅区域绘制出绿色轴向的视线方向，如图 7-172 所示。接着在右下角输入数值 1200mm 作为视点高度，如图 7-173 所示。

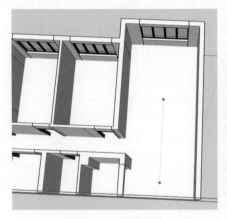
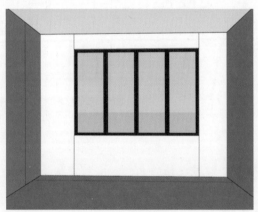

图 7-172　设置相机　　　　　　　　　图 7-173　确定视线

步骤 **05** 调整优化视角。将"顶面"图层打开，显示出顶面，如图 7-174 所示。利用鼠标滚轮和"视图"工具栏中的"观察"工具移动微调视角。

【温馨提示】

由于顶面和地面的建模是沿着外墙线进行绘制的，所以空间中墙面和顶面、地面的交线没有轮廓线的显示，所以只需要改变建模方式或进行线型的显示与隐藏即可。

步骤 **06** 输出空间二维图形。右击模型，在弹出的快捷菜单中选择"隐藏"命令，可使 Stable Diffusion 生成时将不必要的多余线条隐藏，以提高生成准确性，如图 7-175 所示。重复上述操作，将模型整理完毕，如图 7-176 所示。执行"文件"|"导出"|"二维图形"命令，导出二维图形，如图 7-177 所示。单击"选项"按钮，在弹出的"输出选项"对话框中修改对应的尺寸，输出图形，如图 7-178 和图 7-179 所示。

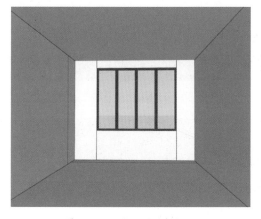

图 7-174　显示顶面标记

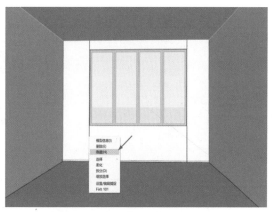

图 7-175　隐藏不需要的边线

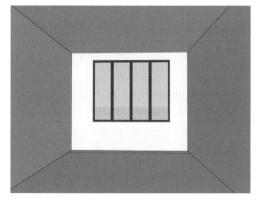

图 7-176　确定构图

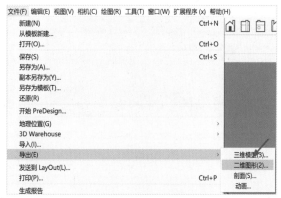

图 7-177　导出二维图形

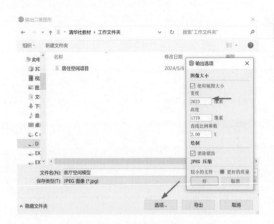

图 7-178 单击"选项"按钮

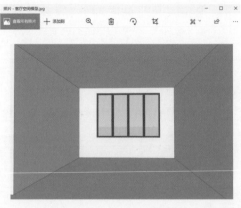

图 7-179 查看导出图片

**步骤 07** 将输出图片上传至 Stable Diffusion 的"图生图"面板。在 Stable Diffusion 界面中,切换至 Stable Diffusion "图生图"面板,上传图片,如图 7-180～图 7-182 所示。

图 7-180 切换至"图生图"面板

图 7-181 单击上传图片

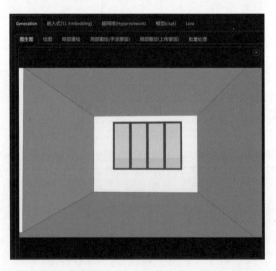

图 7-182 上传完成

**步骤 08** 上传图片至 ControlNet。单击"ControlNet 面板"按钮,即可打开 ControlNet 面板,如图 7-183 所示。在"ControlNet 面板"中单击"点击上传"按钮,选择输出的客厅空间模型图,如图 7-184 所示。

图 7-183　打开 ControlNet 面板

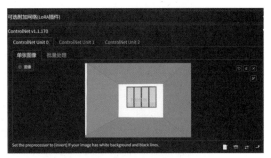

图 7-184　上传图片

**步骤 09** 调整 ControlNet 参数。选中"启用"复选框，并在"预处理器"下拉列表框中选择 mlsd 选项，在"模型"下拉列表框中选择 control_v11p_sd15_mlsd 选项，在 Control Mode 选项组选中 Balanced（平衡模式）单选按钮。设置完成后单击 █ 按钮，在 Preprocessor Preview（预处理器）预览面板中即可看见线稿图，如图 7-185 所示。

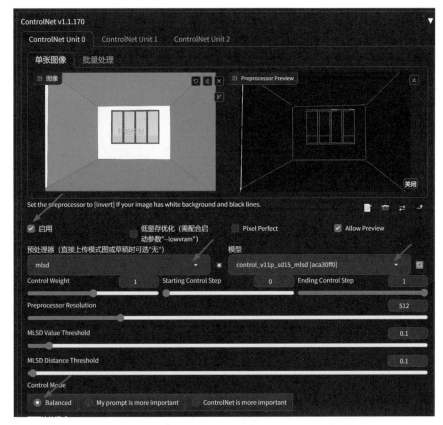

图 7-185　设置参数

**步骤 10** 输入正向提示词。在正向提示词输入区域输入"living room,Fine decoration,TV cabinet,Sofa,Hanging picture,Coffee table,Window,Masterpiece,Masterpiece,renderings,High Quality",所对应的中文翻译为"客厅，精装修，电视柜，沙发，挂画，咖啡桌，窗户，杰作，效果图，高品质"。

**步骤 11** 输入反向提示词。在反向提示词输入区域输入"lowres,text,error,worst quality,low quality,normal quality,signature,watermark,username,blurry",所对应的中文翻译为"低分辨率，文本，错误，最差质量，低质量，正常质量，签名，水印，用户名，模糊的"，如图 7-186 所示。

图 7-186　输入正、反向提示词

**步骤 12** 测试生成。单击"生成"按钮执行生成命令，可以发现，在当前参数下，ControlNet 可控制生成结果靠近上传的图片，如图 7-187 所示。但是客厅的电视柜、沙发、挂画、咖啡桌并没有都出现。

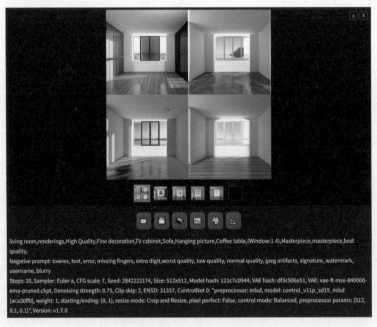

图 7-187　测试生成结果

【温馨提示】

　　在 Stable Diffusion 中使用 ControlNet 时，由于控制增强而空间过于空旷，不利于生成结果匹配给定的提示词。这时在 SketchUp 中绘制简单的立方体作为提示，即可很好地解决这个问题。

**步骤 13** 优化上传图片。在 SketchUp 中简单创建几个立方体，大致能体现出客厅设施的基本形状即可，优化过的空间模型如图 7-188 所示。

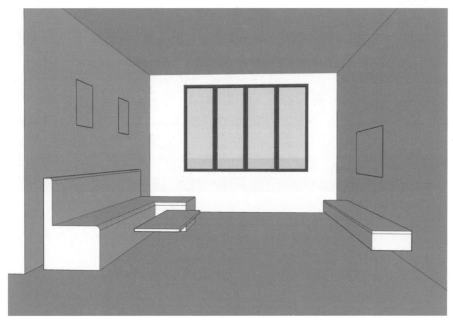

图 7-188　在 SketchUp 中简单优化场景图片

**步骤 14** 优化并修改尺寸。用优化过的图片替换原图片，重新执行步骤 6～步骤 11 的操作。如果想更改成 16：9 或其他比例的尺寸，可在 Resize to 参数面板中进行调整，如图 7-189 所示。

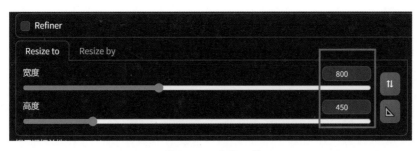

图 7-189　设置尺寸

**步骤 15** 再次生成。再次单击"生成"按钮执行生成命令，可以发现生成的结果更加符合预期，如图 7-190 所示。

图 7-190　再次生成结果

**步骤 16** 进一步细化效果。如果需进一步强化氛围感或风格倾向，可调用 Lora 面板控制室内设计的风格倾向，如图 7-191 所示，单击红框区域范围的 Lora 卡片，即可加载对应的 Lora（注：红色框框出的即为 Lora 卡片）。再次执行生成命令，得到结果如图 7-192 所示，可以发现空间中出现了新中式的氛围元素。

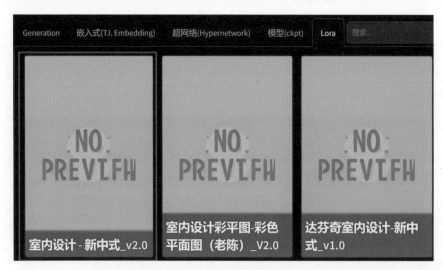

图 7-191　Lora 面板

living room,Fine decoration,TV cabinet,Sofa,Hanging picture,Coffee table,(Window:1.4),Masterpiece,masterpiece,renderings,High Quality,
<lora:ohty_chineseStyle_v2:1>modern_chinese_style,
Negative prompt: lowres,text,error,worst quality,low quality,normal quality,signature,watermark,username,blurry
Steps: 25, Sampler: Euler a, CFG scale: 7, Seed: 2165646911, Size: 800x450, Model hash: 631eea1a0e, VAE hash: df3c506e51, VAE: vae-ft-mse-840000-
ema-pruned.ckpt, Denoising strength: 0.75, Clip skip: 2, ENSD: 31337, ControlNet 0: "preprocessor: mlsd, model: control_v11p_sd15_mlsd
[aca30ff0], weight: 1, starting/ending: (0, 1), resize mode: Crop and Resize, pixel perfect: True, control mode: My prompt is more important,
preprocessor params: (512, 0.1, 0.1)", Lora hashes: "ohty_chineseStyle_v2: d3a1b8c0b223", Version: v1.7.0

图 7-192　施加 Lora 的生成效果

第 8 章

# 综合案例——
# 公共空间：新中式茶馆效果制作

## 内容导读 📖

　　相对于居住空间，公共空间涉及的项目类型较广，如商业空间、工作场所，包括商场、办公楼、酒店、展览馆、医疗、教育等项目都属于公共空间的范畴。

　　本章将带领读者绘制新中式茶馆，并结合 AIGC 制作具有一定氛围感的空间效果。

## 学习目标 🎓

　√　掌握新中式茶馆的建模工作流程
　√　掌握新中式茶馆建模的方法与技巧
　√　掌握 AIGC 辅助制作新中式茶馆效果图的方法

## 8.1 新中式茶馆风格分析

新中式风格是当前非常流行的主流风格趋势,其设计具有鲜明的特点。把握不同风格的特点,有助于设计的整体性,也有利于艺术性的表达。

### 8.1.1 新中式风格概述

新中式风格根植于深厚的中国传统文化土壤,它巧妙融合现代设计理念,展现出独特的艺术魅力。

新中式风格的设计灵感汲取自传统绘画、雕塑、人文景观等多元文化元素,通过现代设计理念的提炼与升级,赋予空间新的生命。在布局与装饰上,它借鉴古典形式,但在色彩、材质与形态上则追求简洁明快,体现出现代审美与实用性的完美平衡。

新中式风格强调的是对传统文化的现代化解读,通过对传统元素的提炼与重塑,使其与现代空间环境和谐共生,创造出既具时代气息又不失古典韵味的环境体验。

### 8.1.2 新中式风格设计理念

新中式风格不仅是对古典美学的致敬,更是对现代生活方式的深刻理解与表达。它是连接过去与未来,融合传统与现代的桥梁。其核心理念可归纳为以下几点。

(1)融古铄今,开拓创新

新中式风格并非简单复刻传统元素,而是以现代手法诠释古典精神,将传统文化精髓与现代设计理念融合,创造出既体现东方神韵又符合现代审美需求的空间。它倡导在设计中引入创新思维,运用现代技术和材料,展现中国文化的当代生命力。

(2)删繁去奢,遵循简约

受中国古代儒、释、道哲学影响,新中式风格推崇"简约而不简单"的美学理念。设计中剔除不必要的复杂装饰,追求线条的简洁流畅和色彩的淡雅和谐,以"少即是多"为原则,创造宁静、质朴的室内环境,强调空间的本质美感。

(3)不拘于形,不离于形

新中式设计在尊重传统形态的基础上,赋予其现代解读,使古典元素与现代设计无缝对接。它善于在传统与现代之间找到平衡点,既有古典的优雅含蓄,又有现代的简洁明快,形成独特的艺术风格,表达出深厚的文化底蕴。

(4)美观与实用相结合

新中式风格追求形式与功能的统一,注重空间的实用性和居住者的舒适体验。设计中,除了追求视觉上的美感,更重视空间布局的合理性,满足现代生活的需求。通过精心规划,使空间既美观又实用,营造出既符合现代生活方式又富有文化底蕴的居住环境。

## 8.2 CAD 文件的整理、导入

　　虽然公共空间和居住空间在项目的对象类型、规模、设计难度和设计要求方面有很大差异，但在效果图制作技术方法上，还是有很多的相似性，最初的工作依然是对 CAD 图纸进行整理。具体的工作流程可以参见第 7 章的内容。

### 8.2.1 整理 CAD 图纸

**步骤 01** 删除多余 CAD 线条。在 CAD 图纸中，可能会存在交叉、重叠、未闭合或者无关的线条，这些对于 SketchUp 建模工作来说是不需要的。删除这些多余线条，可以使图纸整洁，提高后期建模效率，如图 8-1 所示。

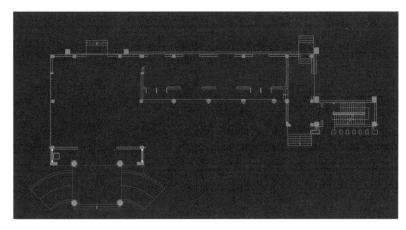

图 8-1　打开并整理 CAD

**步骤 02** 装饰物及附属物处理。去除隔墙、隔断和非结构性装饰物品，如家具、装饰、艺术品等。此外，对于非制图区域也可以进行处理，整理完成的空间结构如图 8-2 所示。

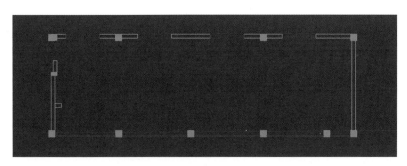

图 8-2　删除非制图区及多余线条

**步骤 03** 线条检查。确保主要墙体的线条完整、闭合，没有遗漏或错误连接。确认柱体的位置、尺寸和样式准确无误，柱子中心线、边线分明，避免因线条混乱影响后续建模。

### 8.2.2　在 SketchUp 中导入 CAD

步骤 01 执行"文件"|"导入"命令，在弹出的"导入"对话框中选择对应的 CAD 文件导入。单击"选项"按钮，在弹出的对话框中设定"单位"为"毫米"，如图 8-3 所示。

步骤 02 将导入的平面图移至坐标原点附近，以便于制作模型，如图 8-4 所示。

 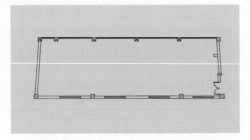

图 8-3　设置导入参数　　　　　　图 8-4　在 SketchUp 中导入 CAD

## 8.3　建筑框架结构的制作

建筑框架是原建筑的结构部分，不同的结构类型，其支撑结构的类型也不相同。框架柱是框架结构建筑中最典型的形态特征之一。

### 8.3.1　框架柱的制作

步骤 01 根据框架柱在 CAD 图纸中的定位，可直接选中柱子矩形，调用"推/拉"工具推拉出柱子的高度 3000mm。重复此操作，完成空间中所有柱子模型的建立，如图 8-5 所示。

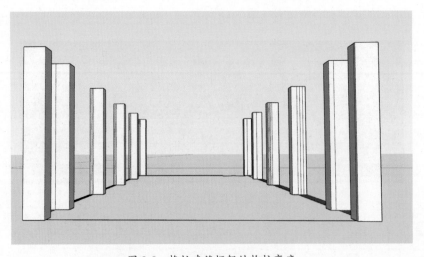

图 8-5　推拉建筑框架结构柱高度

步骤 02　整理图形。将柱身多余的线条擦除，并将柱子群组，放置在标记"柱子"之内，如图 8-6 所示。

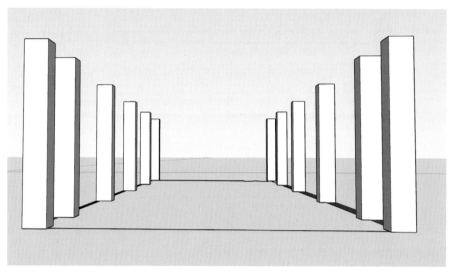

图 8-6　擦除多余线条

## 8.3.2　结构墙体的制作

步骤 01　激活"矩形"工具，单击 CAD 图纸中代表墙体的一个角点，然后拖动鼠标至相对角点，完成矩形的绘制。调用"推 / 拉"工具推拉出墙体的高度 3000mm，如图 8-7 和图 8-8 所示。

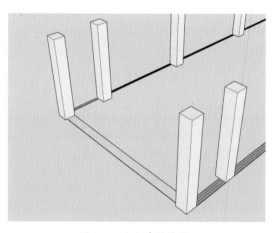

图 8-7　确定建筑墙体

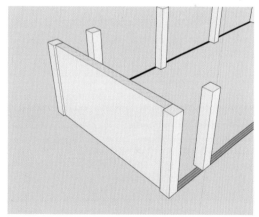

图 8-8　建筑墙体高度制作

步骤 02　精细划分墙体线条，并重复以上步骤，将剩余墙体推拉至相应高度，形成三维墙体实体，如图 8-9 所示。

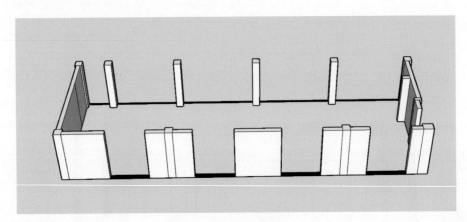

图 8-9　制作全部墙体

### 8.3.3　门窗洞口的制作

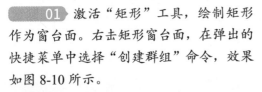 激活"矩形"工具，绘制矩形作为窗台面。右击矩形窗台面，在弹出的快捷菜单中选择"创建群组"命令，效果如图 8-10 所示。

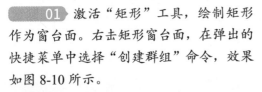 制作窗台。调用"推/拉"工具推拉出窗台面的高度 200mm，然后将窗台下部结构复制到上方，作为门、窗洞口的过梁部分，如图 8-11 所示。完成效果如图 8-12 所示。

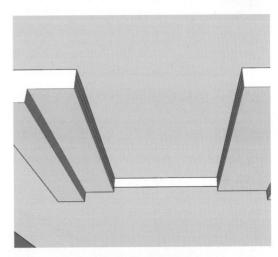

图 8-10　绘制窗台轮廓

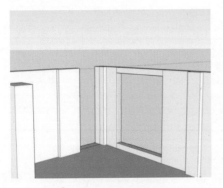

图 8-11　绘制结构高度

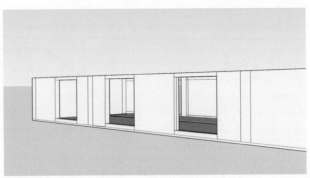

图 8-12　建筑窗洞完成

### 8.3.4 窗户的制作

步骤 01 沿其中的一个窗洞口中间绘制矩形，绘制完毕单击右键，在弹出的快捷菜单中执行"创建群组"命令，如图 8-13 所示。

步骤 02 调用"油漆桶"工具，为玻璃部分的模型赋予透明材质。用同样的方法，为空间中所有窗户玻璃部分赋予材质，如图 8-14 所示。

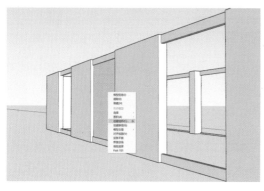

图 8-13 创建群组 　　　　　图 8-14 赋予材质

步骤 03 划分标记图层。在"标记"面板内新建标记，并分别命名，以方便所建模型的分类管理，如图 8-15 所示。

图 8-15 新建标记

## 8.4 地面、顶面空间的制作

地面和顶面的空间都属于室内中重要的界面。通常在制作时，首先进行大区域的划分，以利于后期建模。

### 8.4.1 地面创建与划分

步骤 01 创建地面。调用"矩形"工具，绘制一个略大于空间的矩形作为地面，并创建成组，如图 8-16 所示。

步骤 02 地台定位。调用"卷尺"工具对地台的位置进行定位，分别测量出 2200mm 和 3500mm 的参考线，如图 8-17 所示。

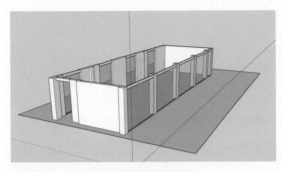
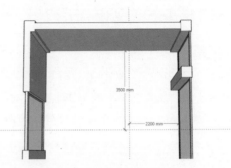

图 8-16  创建地面          图 8-17  制作地台参考线

**步骤 03** 绘制地台轮廓线。根据"卷尺"工具创建的参考线绘制矩形，并创建成组。

### 8.4.2 地台结构制作

**步骤 01** 根据绘制的地台轮廓线，使用"推/拉"工具向上推拉出 100mm 的高度。将连接地台高度的中点线使用"推/拉"工具向内推拉 80mm，如图 8-18 和图 8-19 所示。

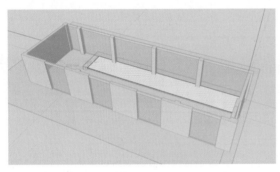
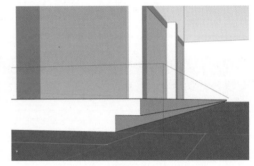

图 8-18  绘制地台          图 8-19  向内推拉 80mm

**步骤 02** 材质赋予。为做好的地面、地台、窗户构件赋予相应的材质，效果如图 8-20 所示。

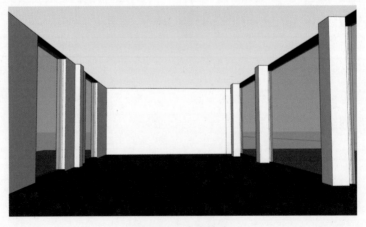

图 8-20  赋予材质

### 8.4.3　顶面区域划分

步骤 **01** 创建顶部结构面。复制地面造型至顶部区域。进入顶面群组，调节顶面大小，如图 8-21 和图 8-22 所示。

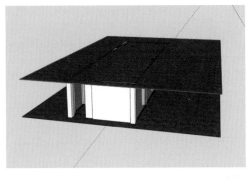

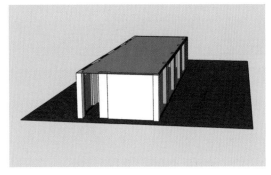

图 8-21　绘制顶面　　　　　　　　　　图 8-22　调整顶面造型

步骤 **02** 划分顶面。进入顶面群组，沿短边向中心分别测量出 400mm、1600mm 的辅助线。沿长边测量出 2300mm 的辅助线，并依此绘制线段分割顶面，如图 8-23 和图 8-24 所示。

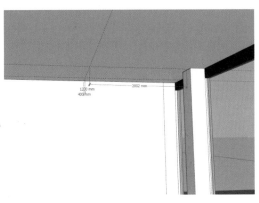

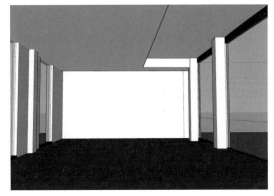

图 8-23　制作顶面参考线　　　　　　　图 8-24　划分顶面结构

### 8.4.4　顶面建模制作

步骤 **01** 复制方通区。将顶部方通域的矩形面沿绿色轴向复制 10000mm 距离，并创建群组，方便后续操作，如图 8-25 所示。

步骤 **02** 定位方通位。右击对边线，在弹出的快捷菜单中执行"拆分"命令，设置数值为 150，如图 8-26 所示。

步骤 **03** 制作管体。设置每节方管宽度为 30mm，高度为 150mm，创建为组件进行复制，直至数量满足需要，如图 8-27 和图 8-28 所示。

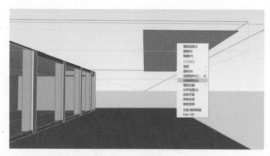

图 8-25　创建群组

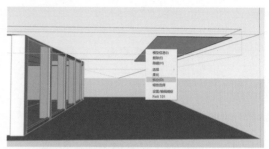

图 8-26　拆分边线

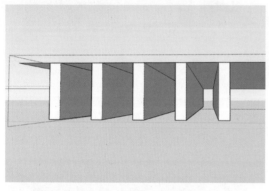

图 8-27　制作方通管体

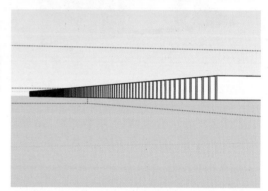

图 8-28　等距复制

**步骤 04** 材质赋予。将材质赋予给对应的构件，将构件位置复位，如图 8-29 所示。（下面无误，略）

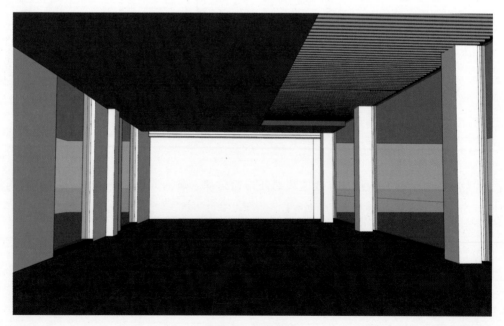

图 8-29　赋予材质

## 8.5  空间的模型导入

由于公共空间面积较大，工作量也较大，常常在实际工作中需要团队协同工作。可将团队设计的装饰柱、前台、壁灯、隔断、软装饰品、餐桌椅等模型依次导入空间，使空间更加完整。

### 8.5.1  导入模型

**步骤 01** 准备模型。将经设计团队提供或资源库下载的模型文件整理到相应的文件夹，方便模型信息的管理，部分模型如图 8-30～图 8-34 所示。

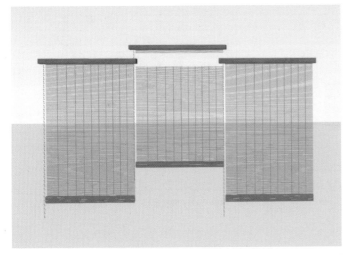

图 8-30  窗帘模型

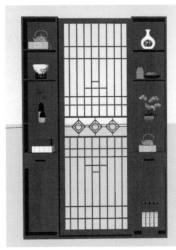

图 8-31  隔断柜模型

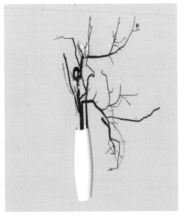

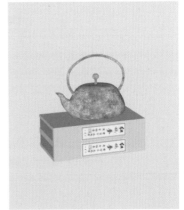

图 8-32  装饰品模型

图 8-33　餐具模型

图 8-34　成套模型

**02** 导入模型。在已建好的空间主题模型中，依次导入设计好的模型构件。执行"文件"|"导入"命令，在弹出的"导入"对话框中选择对应的模型进行导入，如图 8-35 所示。

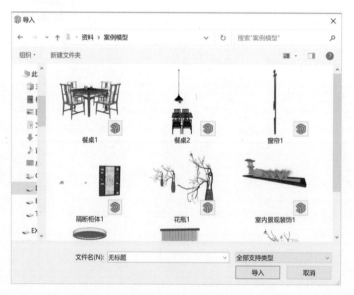

图 8-35　导入模型

## 8.5.2　模型调整

**步骤 01** 位置调整。为了营造真实感，场景中的物体需要按照设计的要求进行布局，对模型位置校正。通过"参考线"工具配合"移动"工具，可完成位置调整的工作。

**步骤 02** 颜色调整。本项目为新中式的茶馆，对于风格和配色要求具有统一性。如果模型的自然材质亮度、饱和度等需要调整，可激活"油漆桶"工具，按住键盘上的 Alt 键进行吸取调整，如图 8-36 所示。

调整前后的装饰柱构件如图 8-37 和图 8-38 所示。

图 8-36　模型材质颜色调整

图 8-37　材质颜色调整前

图 8-38　材质颜色调整后

## 8.5.3　输出二维图像

**步骤 01** 确定相机视角。激活"定位相机"工具并进行拖曳，形成视线方向。输入 1300mm 作为视线高度，如图 8-39 所示。

**步骤 02** 调整镜头。激活大工具集中的"平移"和"缩放"工具，对视图进行调整，如图 8-40 所示。

图 8-39　确定视线高度

图 8-40　调整镜头

**步骤 03** 创建视角。执行"视图"|"动画"|"添加场景"命令，为当前视图添加场景，固定相机位置，如图 8-41 所示。

**步骤 04** 导出二维图像文件。执行"文件"|"导出"命令，弹出"输出二维图形"对话框，如图 8-42 所示。单击"选项"按钮，在弹出的"输出选项"对话框中设置输出参数，如图 8-43 所示。单击"好"按钮，再单击"导出"按钮，最终输出的二维图像如图 8-44 所示。

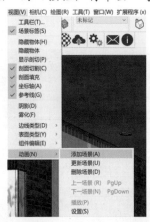

图 8-41　制作场景

图 8-42　"输出二维图形"对话框

图 8-43　设置输出参数

图 8-44　输出二维图像效果

# 8.6 AIGC 新中式茶馆效果表现

在公共空间的效果表现中，如同第 7 章的案例一样，可以在制图的各阶段应用 AIGC 来实现效果。重复的内容不再赘述，下面进行操作演示。

## 8.6.1 Stable Diffusion 生成创意参考

步骤 01 确定表现风格。根据想要实现的茶馆风格，可选择诸如 Traditional Chinese style（传统中国风）、New Chinese style（新中式风格）、Modern minimalist style（现代简约风格）等；环境风格可选择诸如 Gardens（园林）、Streets（街边）、Mountains（山间）等；氛围风格可选择诸如 Tranquility（宁静）、Liveliness（热闹）、Mystery（神秘）等；季节风格可选择诸如 Spring cherry blossoms（春日樱花）、Autumn fallen leaves（秋日落叶）、Winter snow scenery（冬日雪景）等。

步骤 02 输入正向提示词和反向提示词。在正向提示词输入区输入描述文本，确保语言准确、表达清晰，以便模型理解并生成对应的图像。如"The teahouse is littered with a few quaint Eight Immortals tables and matching round chairs,The table top is covered with a delicate blue and white porcelain tea set"（茶馆内摆放着几张古朴的八仙桌与配套圈椅，桌面上放着精致的蓝白瓷茶具）。

在反向提示词输入区输入"lowres,text,error,worst quality,low quality,normal quality,signature,watermark,username,blurry"，所对应的中文翻译为"低分辨率，文本，错误，最差质量，低质量，正常质量，签名，水印，用户名，模糊"。

步骤 03 测试生成效果。单击"生成"按钮，执行生成操作。

步骤 04 用类似的方法生成茶具特写照片，使用关键词"Close ups of tea sets"，如图 8-45 所示。

图 8-45 茶室空间和茶具效果

## 8.6.2 Stable Diffusion 效果深化

**步骤 01** 在 Stable Diffusion 的"图生图"面板中导入场景图像,如图 8-46 所示。

**步骤 02** 输入提示词描述场景的性质,如"Chinese style tea houses"(中式茶馆)。

**步骤 03** 输入质量性提示词、画面细节提示词,如"Chinese tableware"(中式餐具)、"Chinese style bar counter"(中式吧台)。

**步骤 04** 设置生成批次和其他关键参数,将"重绘幅度"(Denoising)设置为 0.7。

**步骤 05** 启用 ControlNet,设置参数如图 8-47 所示。

图 8-46 上传至"图生图"面板

图 8-47 参数设置

步骤 06 执行生成操作，效果如图 8-48 所示。重复执行生成操作，在其中挑选满意的效果。

图 8-48　生成效果